Florian Clausnitzer

Gesunde Ernährung im Alter

Florian Clausnitzer

Gesunde Ernährung im Alter

Eine quantitative Studie über den Einfluss von Zeit auf das Ernährungsverhalten und die Ernährungseinstellungen im Alter

Lehrbuchverlag

Imprint
Any brand names and product names mentioned in this book are subject to trademark, brand or patent protection and are trademarks or registered trademarks of their respective holders. The use of brand names, product names, common names, trade names, product descriptions etc. even without a particular marking in this work is in no way to be construed to mean that such names may be regarded as unrestricted in respect of trademark and brand protection legislation and could thus be used by anyone.

Cover image: www.ingimage.com

Publisher:
Der Lehrbuchverlag
is a trademark of
International Book Market Service Ltd., member of OmniScriptum Publishing Group
17 Meldrum Street, Beau Bassin 71504, Mauritius

Printed at: see last page
ISBN: 978-620-0-44545-2

Inhaltsverzeichnis

1 Zusammenfassung 1

2 Abstract 3

3 Einleitung 5

3.1 Vorgehensweise und Ziel 6

3.2 Aufbau der Arbeit 6

4 Theoretische Grundlagen 8

4.1 Alter und Ernährung 8

4.1.1 Begriffsdefinitionen 8

4.1.2 Demographische Entwicklungen 9

4.1.3 Altern und Alter 11

4.1.4 Ernährung und Energieverbrauch 12

4.1.5 Gesunde Ernährung 13

4.1.6 Ernährung im Alter 15

4.1.7 Ernährung und Krankheiten 18

4.1.8 Gesundheitsverhalten 24

4.1.9 Gesundheitsverhalten im Alter 25

4.1.10 Ernährungsverhalten 26

4.1.11 Ernährungsverhalten im Alter 28

4.1.12 Subjektive Gesundheit 29

4.2 Grundlegende Theorien 30

4.2.1 Selbstkontrolle 30

4.2.2 Delay Discounting 31

4.2.3 Delay of Gratification 32

4.2.4 Sozioemotionale Selektivitätstheorie 33

4.2.5 Verknüpfung sozioemotionale Selektivitätstheorie und Delay of Gratification 35

4.2.6 Fragestellung und Hypothesen 36

5 Daten und Methoden 41

5.1 Darstellung der Methodik 41

5.1.1 Quantitative Forschung 41

5.1.2 Forschungsdesign 43

5.1.3 Weitere Testinstrumente 46

5.1.4 Datenerhebung 50

5.2 Beschreibung der Stichprobe 51

5.3 Datenaufbereitung 55

6 Ergebnisse 58

6.1 Reliabilitätsanalyse ... 58

6.2 Univariate Befunde ... 58

6.3 Bivariate Befunde ... 62

6.4 Hypothesentestung ... 64

6.5 Multivariate Befunde - Multiple Regressionsanalyse ... 66

7 Diskussion ... 68

7.1 Grundlegende Ergebnisse ... 68

7.2 Diskussion der Hypothesentestung unter Bezugnahme der Literatur ... 69

7.3 Einschränkungen der Studie ... 72

7.4 Zusammenfassung und Ausblick ... 74

8 Literaturverzeichnis ... 76

9 Abkürzungsverzeichnis ... 83

10 Abbildungsverzeichnis ... 84

11 Tabellen- und Grafikenverzeichnis ... 85

12 Anhang ... 86

13 Lebenslauf ... 111

1 Zusammenfassung

Einführung: Bewusste und ausgewogene Ernährung stellt eine der wichtigsten Möglichkeiten dar, aktiv zur Gesundheitsförderung und -erhaltung beizutragen (Arens-Azevedo et al., 2002). Bekannt ist, dass sich ältere Menschen durchschnittlich gesünder ernähren, als jüngere Menschen. (Renner & Staudinger, 2008) Unerforscht ist dagegen, welche Auswirkungen der Faktor Zeit auf das Ernährungsverhalten und die Ernährungseinstellungen von älteren Menschen hat.

Forschungsziel: Diese Arbeit geht der Frage nach, inwiefern die zeitliche Perspektive von älteren Menschen, in Form von chronologischen Alter und der Einschätzung der restlichen subjektiven Lebenszeit, Einfluss auf das Ernährungsverhalten und Ernährungseinstellungen hat. Diese Frage kann im Rahmen dieser Arbeit selbstverständlich nicht vollständig geklärt werden. Ziel ist es vielmehr, erste Erkenntnisse zu gewinnen und einen möglichen Ansatz für die weitere Forschung zu schaffen.

Hypothesen: Untersuchungsleitende Hypothesen sind zum einen, dass die Einstellungen gegenüber der Wirksamkeit von gesunder Ernährung, mit steigenden Alter (H1a) bzw. mit einer sich verkürzenden Einschätzung der subjektiven Lebenszeit (H1b) negativer werden. Zum anderen wurde untersucht, ob sich die selbsteingeschätzte Praktizierung von gesunder Ernährung mit steigenden Alter (H2a) bzw. mit einer sich verkürzenden Einschätzung der subjektiven Lebenszeit (H2b) verschlechtert.

Untersuchung: Die Datenerhebung erfolgte mit Hilfe eines Fragebogens. Durchgeführt wurde die Studie in Einrichtungen des betreuten Wohnens. Die Stichprobe bestand aus 31 älteren

Menschen (Alter M = 82,2 Jahre; SD 5,8). Mit Hilfe des Statistikprogrammes SPSS wurden die gewonnenen Daten analysiert.

Ergebnisse: Nach Auswertung der Daten mussten die aufgestellten Hypothesen abgelehnt werden. Es konnte kein statistisch signifikanter Zusammenhang zwischen dem chronologischen Alter bzw. der restlichen subjektiven Lebenszeit und dem selbsteingeschätzten Ernährungsverhalten sowie den Einstellungen zu gesunder Ernährung, nachgewiesen werden

2 Abstract

Introduction: A consciously chosen and balanced diet is considered as one of the most important possibilities of influencing your health positively (Arens-Azevedo et al., 2002). It is well known that elderly people on average eat more healthily than younger people (Renner & Staudinger, 2008). What is not known however is which effect the lifetime parameter has on the dietary habits of elderly people and the attitudes of elderly people with regard to their diet.

Aim of research: This thesis aims to address the question of how the time perspective of elderly people, respectively the chronological age and the subjective evaluation of the remaining lifetime, influence their dietary habits and attitudes.

Hypotheses: The first hypothesis is that attitudes of elderly people with regard to a positive effect of their diet on their health get more negative with increasing age (H1a) and with a shorter subjective evaluation of the remaining lifetime (H1b). With regard to the second hypothesis it was examined if the assumed exercise of a healthy diet is influenced negatively with increasing age (H2a) and respectively a shorter subjective evaluation of the remaining lifetime (H2b).

Investigation: The information gathering was done by means of a questionnaire. The study took place in assisted living accommodations for elderly people. The test consisted of 31 elderly people (Age M = 82,2; SD 5,8). The data collected was analysed with the statistic program SPSS.

Results: After evaluating the collected data the two hypotheses must be rejected. No statistically significant connection can be determined between chronological age and dietary habits of elderly people or attitudes of elderly people with regard to their diet.

3 Einleitung

Das Erreichen eines hohen Lebensalters stellt seit einigen Jahrzehnten keine Ausnahme mehr dar. Die derzeitige Lebenserwartung von neugeborenen Mädchen liegt in Deutschland bei 83,1 Jahren. Die von neugeborenen Jungen bei 78,1 Jahren (Statistisches Bundesamt, 2015; 2016). Um Gesundheit und Lebensqualität bis ins hohe Alter zu erhalten, ist Ernährung von besonderer Bedeutung. Eine bewusste und ausgewogene Ernährung stellt einen wesentlichen Faktor dar, aktiv zur Gesundheitsförderung und -erhaltung beizutragen (Arens-Azevedo et al., 2002). Dabei ist das Ernährungsverhalten als ein sehr komplexer, sich ständig wiederholender Vorgang zu sehen. Motivationen, Ziele, Gewohnheiten und Umwelteinflüsse wirken sich unmittelbar auf das Ernährungsverhalten aus (Diedrichsen, 1990; Renner & Staudinger, 2008). Mit dem Alter steigt die Komplexität des Ernährungsverhaltens. Dies ist unter anderem auf die Heterogenität des Alters zurückzuführen (Kruse et al., 2004; Oswald, 2000). Faktoren wie Bildung, Geburtenkohorte, Wohnumfeld, Mobilitätsgrad wirken sich direkt und indirekt auf das Ernährungsverhalten aus (Engel, 2004; Kruse et al., 2004). In dieser Arbeit geht es um die Frage, wie sich der Faktor Zeit auf die Praktizierung von Ernährung und auf die Einschätzung von gesunder Ernährung auswirkt. Mit Zeit ist zum einen die subjektive Einschätzung der restlichen Lebenszeit als auch die Zeit in Form des kalendarischen bzw. chronologischen Alters gemeint. In Zusammenhang mit dem chronologischen Alter konnten Studien zeigen, dass sich das Ernährungsverhalten im höheren Alter, gegenüber dem Erwachsenenalter verbessert (Renner & Staudinger, 2008). Andere Studien zum Thema Ernährungsverhalten weisen allerdings darauf hin, dass sich das Ernährungsverhalten im sehr hohen Alter wieder verschlechtern kann (Zajani et al., 2006). Man kann daraus folgern, dass das Ernährungsverhalten im Altersverlauf keinen linearen positiven Trend folgt (Renner &

Staudinger, 2008). Ob die subjektive Einschätzung der restlichen Lebenszeit Auswirkungen auf das Ernährungsverhalten hat, ist noch nicht erforscht.

3.1 Vorgehensweise und Ziel

Der Ausgangspunkt für diese Arbeit ist die Frage, ob steigendes Alter, kalendarisch oder subjektiv, Auswirkungen auf Einstellungen zur Wirksamkeit bzw. die Praktizierung von gesunder Ernährung hat. Als theoretische Grundlage dienen die sozioemotionale Selektivitätstheorie und das Paradigma des Delay of Gratification (DoG). Die sozioemotionale Selektivitätstheorie betont in erster Linie motivationale Konsequenzen der Zeitwahrnehmung (Carstensen & Lang, 2007). Das Paradigma des DoG beschreibt den Verzicht auf eine verfügbare Belohnung über einen bestimmten Zeitraum hinweg (Gaar, 2009). Vor dem Hintergrund dieser theoretischen Konstrukte soll mit dieser Arbeit also untersucht werden, welchen Einfluss der Faktor Zeit, in Form von Lebensalter bzw. subjektiven Alter auf das Ernährungsverhalten und das Denken über Ernährung hat. Dafür wurden ältere Menschen mit Hilfe eines Fragebogens zu ihrem Ernährungsverhalten und Ernährungseinstellungen befragt. Zusätzlich wurden persönliche Daten erhoben sowie ein Mini Mental Status Test und ein Mini Nutritional Assessment durchgeführt.

3.2 Aufbau der Arbeit

In den folgenden Hauptkapiteln werden die theoretischen Grundlagen, die wissenschaftliche Methode und Stichprobe sowie die Ergebnisse der Untersuchung dargelegt. Abschließend erfolgt eine Diskussion der Ergebnisse. Aufbauend auf dem thematischen Einstieg in Kapitel eins Einleitung, werden im folgenden Kapitel zwei die theoretischen Grundlagen dargestellt. Dafür werden zuerst verschiedene Begriffe und Zusammenhänge zum Themenbereich Alter und Ernährung erläutert. Die im Anschluss beschriebenen Theorien bilden die Basis für die Forschungsfrage und die Hypothesenformulierung. Kapitel drei Daten und Methoden schildert u.a. die Erhebungsinstrumente, die Stichprobe sowie den Vorgang der Datenauswertung. Kapitel vier beschreibt die Ergebnisse der Studie. Die erhobenen Daten wurden dafür mit Hilfe des Statistikprogrammes SPSS analysiert. In Kapitel fünf werden die Ergebnisse unter Bezugnahme auf die relevante Literatur interpretiert und Einschränkungen der Arbeit beschrieben. Am Ende der Arbeit schließen sich das Literaturverzeichnis, der Anhang und die Eidesstaatliche Versicherung an.

4 Theoretische Grundlagen

4.1 Alter und Ernährung

4.1.1 Begriffsdefinitionen

Die Begriffe Ernährung, Nahrung, Nahrungsmittel und Essen werden häufig synonym verwendet. Allerdings hat jeder dieser Begriffe eine eigene spezielle Bedeutung. Mit Nahrung sind sowohl die festen, flüssigen und rohen Stoffe, als auch die Produktion und Präsentation gemeint. Ein Nahrungsmittel, wie zum Beispiel Brot, steht in einer spezifischen Relationen zu anderen Nahrungsmitteln und hat eine variable kulturelle und historische Bedeutung (Prahl et al., 1999). Der Begriff Essen hat im deutschen Sprachgebrauch zwei verschiedene Bedeutungen. Essen wird zum einen als Synonym für Nahrung verwendet. Zum anderen beschreibt Essen die technische, räumliche, zeitliche und soziale Prozedur der Nahrungsaufnahme. Pudel (1998) definiert den Begriff Essen wie folgt:

„Mit dem Begriff Essen wird also die gesamte Erlebnissphäre der Nahrungsaufnahme erfaßt, einschließlich sozialer Bezüge, des Ambiente, sämtlicher Wahrnehmungen während und nach der Mahlzeit." (S.31)

Ernährung dagegen meint alle Prozesse der Erzeugung, Verarbeitung und Verfeinerung von Substanzen, die dem menschlichen Körper zugeführt werden. Darüber hinaus beschreibt Ernährung auch soziale Randbedingungen, gesellschaftliche Ungleichheits- und Herrschaftszustände, soziokulturelle Symbolwelten genauso wie politische, religiöse und wissenschaftliche Deutungsmuster. Die verschiedenen Ebenen und Bedeutungen machen Ernährung zu einem komplexen Begriff, der über Nahrung und Essen hinausweist (Prahl et al., 1999).

4.1.2 Demographische Entwicklungen

Das Thema „Ältere Menschen und gesunde Ernährung" hat sich erst aufgrund von demographischen Entwicklungen zu einem Thema von Interesse entwickelt. In Deutschland stehen immer mehr ältere Menschen immer weniger jungen Menschen gegenüber. Im weltweiten Vergleich zählt Deutschland zu den Ländern, mit dem höchsten Anteil an älteren Menschen. Die Zahl der älteren Menschen wird auch in den kommenden Jahrzehnten sowohl absolut als auch relativ ansteigen. Ende 2013 waren in etwa 20 Prozent der Gesamtbevölkerung 65 Jahre oder älter. Über fünf Prozent der Gesamtbevölkerung waren sogar 80 Jahre oder älter. Bevölkerungsvorausberechnungen zur Folge werden im Jahr 2030 circa 28 Prozent der Bevölkerung 65 Jahre oder älter sein. 2060 werden es dann bereits 33 Prozent sein. Der Anteil der Menschen, die 80 Jahre oder älter sind, wird bis zum Jahr 2060 von fünf Prozent im Jahr 2013 auf 13 Prozent anwachsen. Das bedeutet eine beträchtliche Steigerung von acht Prozent. Es ist also davon auszugehen, dass im Jahr 2060 jeder achte Mensch in Deutschland über 80 Jahren sein wird (Bundesamt für Statistik, 2015; 2016). In *Abbildung 1* wird diese Entwicklung grafisch dargestellt.

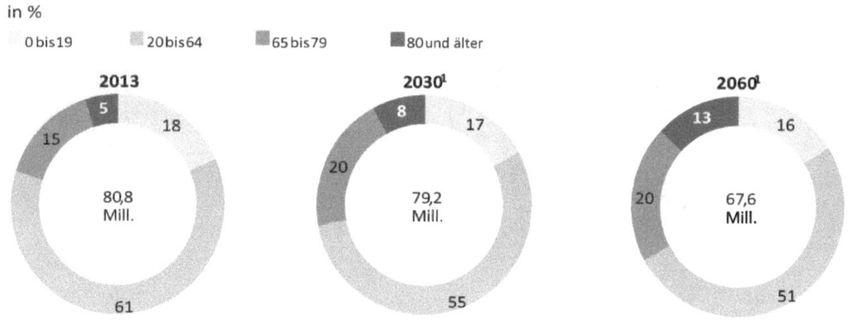

Abbildung 1: Bevölkerungsvorausberechnung (1). (Bundesamt für Statistik, 2015; 2016)

Für die Verschiebung der Altersstruktur in Deutschland sind in erster Linie zwei Faktoren verantwortlich. Zum einen die steigende Lebenserwartung. Für 2014 geborene Mädchen liegt diese durchschnittlich bei circa 83 Jahren, für Jungen bei circa 78 Jahren. Zum anderen die relativ niedrige Geburtenrate. Sie liegt bei 1,5 Kindern je Frau (Statistisches Bundesamt, 2015; 2016). Beeinflusst wird die Altersstruktur zudem von der Zuwanderung. *Abbildung 2* zeigt eine mögliche Entwicklung der Bevölkerung vom Jahr 2013 bis zum Jahr 2060 bei schwacher Zuwanderung. Die Grafik lässt erkennen, dass sich die Anzahl der Personen unter 65 Jahren verringert, während insbesondere die Zahl der über 80 Jährigen ansteigt (Statistisches Bundesamt, 2015; 2016).

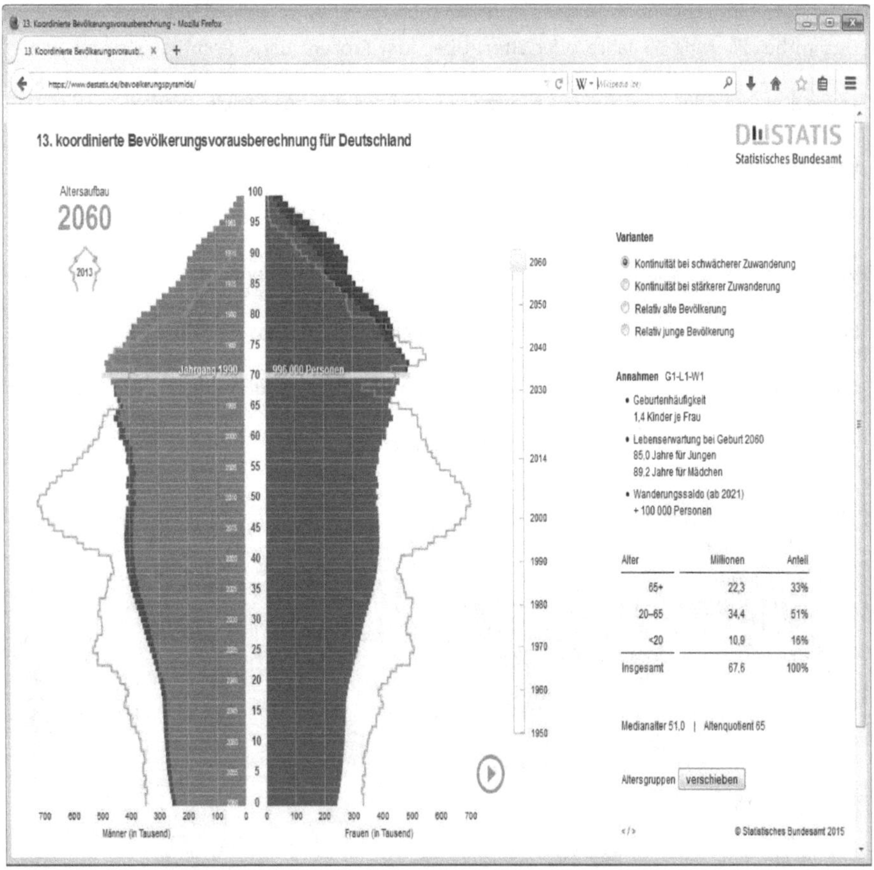

Abbildung 2:Bevölkerungsvorausberechnung (2). (Bundesamt für Statistik, 2015; 2016)

Diese Entwicklung der Altersstruktur führt zu Herausforderungen und Problemen, für die es Lösungen und Konzepte braucht. Denn die bereits jetzt hohen Kosten, die in Deutschland jährlich durch Fehlernährung und Mangelernährung entstehen, werden durch die wachsende Zahl von älteren Menschen weiter ansteigen. Ein Grund dafür ist, dass viele ernährungsabhängige Krankheiten erst im Alter aufbrechen (Bundesministerium für Bildung und Forschung, 2016; 2016).

4.1.3 Altern und Alter

Aufgrund der beschriebenen demographischen Entwicklungen, hat sich die Lebensphase Alter in den letzten Jahrzehnten deutlich ausgedehnt (Kruse et al., 2004). Daraus resultieren unter anderen eine wachsende Heterogenität der Lebenslagen sowie eine zunehmende Individualisierung und Pluralisierung (Kruse et al., 2004/Oswald, 2000). Die Ausdehnung der Lebensphase Alter wirft auch die Frage auf, wie und ob diese Lebensphase definiert, unterteilt und messbar gemacht werden kann. Dabei sollten zuerst die Begriffe Altern und Alter unterschieden werden. Altern beschreibt einen prozeduralen Vorgang der durch irreversible Veränderungen gekennzeichnet ist (Oswald, 2000). Dagegen versteht Oswald (2000) unter Alter,

„(...) das jeweilige kalendarische und damit physikalisch durch die Zeit definierte Lebensalter und bestimmte Lebensabschnitte, die durch die Gesellschaft als „Alter" festgelegt sind, früher die „letzten Jahre des Lebens", heutzutage eher die große Zeitperiode der nachberuflichen Lebensphase." (S.8)

Kolland und Wanka (2014) argumentieren, dass kalendarische Abgrenzungen zur Bestimmung der Lebensphase Alter wenig sinnvoll sind. Vielmehr kann über das sozialwissenschaftliche Konzept der Lebensphasen eine Differenzierung des Begriffes Alter versucht werden. Ein

Beispiel dafür ist Peter Laslets Einteilung der Altersphase, in das dritte und vierte Lebensalter. Diese Einteilung löst sich vom Konzept des kalendarischen Alters und setzt an dessen Stelle ein Konzept, dass auf Lebenslage und Generationenzyklus basiert. Das dritte Lebensalter bezeichnet dabei eine Phase der Wahlmöglichkeiten, erweiterten Gelegenheiten sowie der persönlichen Entwicklung. Das vierte Lebensalter ist hingegen von Abbau und Abhängigkeit gekennzeichnet (Kolland & Wanka 2014). Eine weitere Alternative zum kalendarischen bzw. chronologischen Alter stellt der Begriff des subjektiven Alters dar. Es bezeichnet das gefühlte Alter eines Menschen bzw. das Erlebnis des eignen Lebensalters. In Arbeiten von Thomae und Lehr zeigt sich die große Bedeutung des subjektiven Alters als Indikator für Zufriedenheit und Langlebigkeit im Vergleich zum kalendarischen Alter (Lehr & Puschner, 1968). Jeder Mensch hat ein „Gespür" für sein eigenes, subjektives Lebensalter. Ursächlich hierfür ist, dass sich Menschen ihrer persönlichen Lebenszeit stets bewusst sind (Medina, 1996). Es bleibt also festzuhalten, dass es von großer Bedeutung ist, wie Menschen ihre Lebenszeit und damit auch ihr subjektives Lebensalter erleben bzw. einschätzen.

4.1.4 Ernährung und Energieverbrauch

„Der Mensch ist, was er isst" (Malzfeldt, 2014). Dieses allgemein bekannte Zitat lässt sich durchaus wörtlich nehmen. Denn die Aufnahme von Nahrung ist eines der Grundbedürfnisse des Menschen. Durch die Nahrungsaufnahme wird Energie gewonnen, welche die Grundlage für alle Stoffwechselvorgänge des menschlichen Körpers darstellt. Folglich ist menschliches Leben nur unter dem ständigen Verbrauch von Energie möglich (Menden, 1990). Wie viel Energie ein menschlicher Körper benötigt, ist sehr unterschiedlich und variiert auf Grund von Faktoren wie Alter, Geschlecht und Körpergröße. Ein Mann zwischen 25 und 51 Jahren braucht ungefähr 2300-3000 Kalorien pro Tag. Frauen der gleichen Altersgruppe benötigen mit 1800-

2400 Kalorien im Durchschnitt etwas weniger Energie (Deutsche Gesellschaft für Ernährung e.V., 2012; 2016). Je höher das körperliche Aktivitätsniveau, desto höher ist der Energiebedarf. Unabhängig davon lässt sich festhalten, dass die Aufnahme von zu viel Energie zu Übergewicht führt. In Deutschland sind in etwa 60% der Männer und circa 43 % der Frauen übergewichtig (Deutsche Gesellschaft für Ernährung e.V., 2012; 2016). Die Aufnahme von zu wenig Energie führt andersherum zu Mangelernährung beziehungsweise Gewichtsverlust. Ein Phänomen, das vor allem ältere Menschen betrifft. Aber Ernährung ist mehr als nur die Aufnahme von Energie. Ernährung ist mit Lust, Genuss, Appetit aber auch mit sozialen Bedürfnissen verbunden. So entwickelt jeder Mensch im Laufe seines Lebens individuelle Ernährungsgewohnheiten, die sich aus sozialen, gesellschaftlichen und kulturellen Erfahrungen heraus bilden (Menebröcker & Best, 2008).

4.1.5 Gesunde Ernährung

Vollwertige und gesunde Ernährung fördert Leistung, Wohlbefinden und Gesundheit. Trotzdem ernährt sich ein Großteil der deutschen Bevölkerung nicht oder nur zum Teil richtig (Diehl, 2000). Auf der Grundlage von wissenschaftlichen Erkenntnissen hat die Deutsche Gesellschaft für Ernährung 10 Regeln veröffentlicht, die als Standards für eine gesunde Ernährung gelten. Vollwertige Ernährung sollte eine abwechslungsreiche Auswahl, angemessene Menge und Kombination nährstoffreicher und energiearmer Lebensmittel beinhalten. Pro Tag empfiehlt die DGE mindestens 30 Gramm Ballaststoffe, in erster Linie aus Vollkornprodukten, zu verzehren. Bei Gemüse und Obst werden fünf Portionen pro Tag empfohlen. Die Zubereitung von Obst und Gemüse sollte dabei möglichst schonend erfolgen. Ansonsten besteht die Gefahr, dass wichtige Vitamine und Mineralstoffe verloren gehen. Milch und Milchprodukte enthalten viel Calcium. Daher wird empfohlen, diese täglich zu verzehren. Fleisch und Wurst sollten mit 300-600 Gramm pro Woche nur in Maßen verzehrt werden. Grundsätzlich ist es wichtig darauf zu achten, wenig Fett und fettreiche Lebensmittel zu sich zu nehmen. Da Fett aber auch lebensnotwendige Fettsäuren liefert, sollte nicht gänzlich darauf verzichtet werden. 60-80 Gramm Fett pro Tag sind hier eine geeignete Menge. Vor einem übermäßigen Verzehr von Zucker und Salz wird ebenfalls abgeraten. Unabdingbar ist die Aufnahme von ausreichend Flüssigkeit. Hier gelten rund eineinhalb Liter pro Tag als optimal. An heißen Tagen sollte mehr Flüssigkeit getrunken werden. Von zuckergesüßten und alkoholischen Getränken wird größtenteils abgeraten. Die folgende *Abbildung 3* zeigt den sogenannten Ernährungskreis der Deutschen Gesellschaft für Ernährung. Der Ernährungskreis zeigt auf einen Blick die Grundlagen einer gesunden und vollwertigen Ernährung. Er ist in verschiedene Lebensmittelgruppen wie Obst, Gemüse und Salat oder Öle und Fette eingeteilt. Entscheidend ist, dass die Lebensmittel so aus allen sieben Lebensmittelgruppen gewählt werden und das dargestellte Mengenverhältnis eingehalten wird (Deutsche Gesellschaft für Ernährung e.V., 2016; 2016).

Abbildung 3: Ernährungskreis (Deutsche Gesellschaft für Ernährung e.V., 2016; 2016)

Zu einem gesunden Lebensstil zählt aber nicht nur gesunde Ernährung, sondern auch ausreichend körperliche Aktivität und Sport. Dieses Kapitel sollte jedoch nur zeigen, was von offizieller Seite unter gesunder Ernährung verstanden wird. Erstaunlich ist, dass ein Großteil der deutschen Bevölkerung ein durchaus gutes Ernährungswissen und eine positive Einstellung zum Thema gesunde Ernährung hat. Allerdings werden die Ernährungsregeln nur von einem geringen Teil der Bevölkerung eingehalten (Diehl, 2000).

4.1.6 Ernährung im Alter

Die folgenden Abschnitte sollen verdeutlichen, warum gesunde Ernährung für ältere Menschen von Bedeutung ist und welche Folgen eine ungesunde bzw. falsche Ernährung haben kann. Eine gesunde und ausgewogene Ernährung ist eine wichtige Voraussetzung, um Gesundheit und Wohlbefinden im Alter zu erreichen (Holtmeier, 1999; Arens-Azevedo et al.,

2002). Im Altersverlauf treten eine Reihe von physiologischen Veränderungen auf, die sich auf die Ernährung auswirken. Einige der wichtigsten Veränderungen werden im Folgenden kurz beschrieben.

Durch eine Verringerung der Muskelmasse und einer vermehrten Einlagerung von Fett sinken der Grundumsatz und damit auch der Nahrungsbedarf des Körpers. Älteren Menschen wird daher empfohlen, die tägliche Kalorienzufuhr mit steigenden Alter stetig zu senken. Durchschnittlich verringert sich die täglich empfohlene Kalorienmenge vom 25. bis zum 65. Lebensjahr um etwa 550 bis 800 kcal (Holtmeier, 1999). Eine Ausnahme stellen Menschen dar, die auch im Alter körperlich aktiv sind. Diese haben einen Mehrbedarf an Energie und somit auch einen erhöhten Kalorienbedarf. Der empfohlene Rückgang der Ernährungsmenge sollte allerdings nicht auf Kosten einer Reduzierung der Eiweißversorgung geschehen. Der Eiweißstoffwechsel verändert sich im Alter nur unwesentlich. Deshalb wird auch im Alter in etwa ein Gramm Eiweiß pro ein Kilogramm Normalgewicht empfohlen (Holtmeier, 1999; Menebröcker & Best, 2008). Es lässt sich festhalten, dass der Energiebedarf im Alter sinkt, der Eiweiß- und Vitalstoffbedarf aber gleich bleibt (Gündling, 2011).

Eine weitere altersbedingte Veränderung ist der Abbau von Knochenmasse. Eine häufige Folge ist die Krankheit Osteoporose, die vermehrt bei älteren Frauen auftritt. Osteoporose ist als Systemerkrankung des Skeletts definiert und wird durch niedrige Knochenmasse und einer Verschlechterung der Mikroarchitektur des Knochengewebes mit entsprechend hoher Frakturneigung charakterisiert (Ringe, 1995). Um diesen Abbauprozess entgegenzuwirken, wird älteren Menschen unter anderem empfohlen, auf eine ausreichende Zufuhr von Calcium zu achten. Milch und Milchprodukte sind dabei die führenden Calciumlieferanden (Ringe, 1995).

Die Funktionsfähigkeit des Verdauungsapparates bleibt auch im Alter weitgehend erhalten.

Die Verringerung von Organmassen, wie beispielswiese der Leber, und die Atrophie der Schleimhäute können dennoch dazu führen, dass sich die Eisen- und Fettresorption verringert. Um den Verdauungsapparat im Alter nicht unnötig zu belasten, sollten besonders ältere Menschen fettreiche Gerichte vermeiden. Obst und Gemüse hingegen darf in ausreichenden Mengen gegessen werden (Arens-Azevedo et al., 2002).

Wie in diesem Abschnitt erwähnt, sinkt der Energiebedarf mit steigenden Alter. Aus diesem Grund kann die Altersanorexie zu einem Teil als eine sinnvolle Anpassung des Körpers an das Alter gesehen werden. In vielen Fällen führt die altersbedingte Appetitlosigkeit jedoch zu einer übermäßigen Reduktion der Nahrungsmenge. Aufgrund von Veränderungen im Hormonhaushalt und der daraus resultierenden stärkeren Aktivität von Sättigungsfaktoren, tritt bei alten Menschen nicht selten eine verfrühte Sättigung auf. Zudem entleert sich der Magen von älteren Menschen langsamer. Wichtig ist daher, die Nahrungsmengen die aufgenommen werden eher klein zu halten. Dafür sollte öfter über den Tag verteilt gegessen werden (Menebröcker & Best, 2008; Volkert & Sieber, 2011). Appetitlosigkeit im Alter kann auch durch die Abschwächung von Sinneswahrnehmungen wie Geschmack und Geruch hervorgerufen werden. Die Anzahl der Geschmacksknospen nimmt im Alter stark ab. Um einen angenehmen und wahrnehmbaren Geschmack der Nahrung zu erzeugen, salzen oder zuckern ältere Menschen ihre Speisen häufig übermäßig. Die Geruchswahrnehmung wird im Alter durch eine Verringerung der Regeneration der Riechzellen eingeschränkt. Die Einnahme von bestimmten Medikamenten wie Analgetika oder Psychopharmaka kann die Abnahme von Geschmack- und Geruchsempfinden noch weiter verstärken (Menebröcker & Best, 2008; Arens-Azevedo et al., 2002). Zusammenfassend sind für eine gesunde Ernährung im Alter folgende Kernbotschaften von großer Bedeutung. Die Energiezufuhr sollte an den geringeren Bedarf im Alter angepasst werden. Die Auswahl der Lebensmittel sollte vielseitig sein.

Ballaststoffreiche Nahrung sollte an Stelle von Lebensmitteln mit „leeren Kalorien" verzehrt werden. Speisen sollten geschmackvoll zubereitet werden. Das bedeutet kräftig würzen, aber sparsam salzen, um Bluthochdruck vorzubeugen (Menden, 1990).

4.1.7 Ernährung und Krankheiten

Vollwertige Ernährung, Veranlagung, körperliche Aktivität und eine bedachte Lebensführung zählen zu den wichtigsten Voraussetzungen für Gesundheit, Leistungsfähigkeit und Wohlbefinden. „Falsche" Ernährung kann eine Reihe von Krankheiten begünstigen oder auslösen. Diese beeinträchtigen nicht nur die Gesundheit sondern belasten auch unsere Gesellschaft. Nach Schätzungen des Bundesgesundheitsministeriums für Bildung und Forschung sind ernährungsbedingte Krankheiten für ein Drittel der Kosten im Gesundheitswesen verantwortlich (Bundesministerium für Bildung und Forschung, 2016; 2016). Ernährungsbedingte Krankheiten können in drei verschiedene Bereiche unterteilt werden. Erkrankungen, die durch Mangelernährung verursacht wurden. Krankheiten die auf Grund von Fehlernährung entstehen. Und Erkrankungen, die auf eine Diät ansprechen (Arens-Azevedo et al., 2002). In den folgenden Kapiteln geht es nicht darum die zahlreichen verschiedenen Krankheiten, welche durch „falsche" Ernährung entstehen oder begünstigt werden können bis ins Detail zu beschreiben oder vollständig aufzulisten. Vielmehr soll ein Überblick über die vor allem für ältere Menschen bedeutsamsten und häufigsten Erkrankungen gegeben werden.

4.1.7.1 Mangelernährung

Mangelernährung ist im letzten Jahrzehnt vor allem im Zusammenhang mit älteren Menschen zu einem immer wichtigeren Thema geworden. Aktuell sind beispielsweise circa 60 % der geriatrischen Krankenhauspatienten in den westlichen Industriestaaten bei ihrer Aufnahme mangelernährt. In Deutschland sind nach Schätzungen etwa 1,6 Millionen Menschen über 60 Jahren von chronischer Mangelernährung betroffen. Besonders gefährdet sind Menschen über 75 Jahre. Demographisch bedingt wird sich das Problem der Mangelernährung im Alter in den nächsten Jahren weiter verschärfen (Gündling, 2011). Das Entstehen einer Mangelernährung ist meist ein schleichender Prozess mit vielen unspezifischen Symptomen. Aus diesem Grund wird es oft versäumt, die Diagnose Mangelernährung zu stellen (Volkert & Siebert, 2011). Die Ursachen von Mangelernährung liegen zum einen in den physiologischen Veränderungen des Alters. Zum anderen in sozialen und ökonomischen Faktoren wie Altersarmut oder psychischen Erkrankungen (Gündling, 2011). Mangelernährung kann eine Reihe von unerwünschten körperlichen und psychosozialen Folgen haben. Umfang und Schwere der Folgen hängen von Ausmaß und Dauer der Mangelernährung ab (Tannen & Schütz, 2011). So verlieren ältere Menschen durch unzureichende Eiweißzufuhr an Körpergewicht und Muskelmasse. Die Konsequenzen sind unter anderen ein erhöhtes Sturzrisiko sowie eine Verzögerung der körperlichen Genesungs- und Rehabilitationsprozesse. Ein Mangel an Kohlehydraten kann zu Symptomen wie Schwindel, Kopfschmerz oder nachlassender Konzentrationsfähigkeit führen. Ursächlich hierfür ist der sinkende Blutzuckerspiegel (Tannen & Schütz, 2011). Eine zu geringe Fettzufuhr kann zu Beginn durch körpereigene Fettreserven abgefangen werden. Ist der Mangel allerdings längerfristig, machen sich Kraftlosigkeit und nachlassende Leistungsfähigkeit bemerkbar. Darüber hinaus werden fettlösliche Vitamine schlechter aufgenommen. Ein kontinuierlicher Mangel von sogenannten kritischen Vitaminen und Mineralstoffen kann ebenfalls negative Konsequenzen nach sich ziehen. Mit kritisch sind in diesem Zusammenhang Vitamine und Mineralstoffe gemeint, die vor allem im Alter häufig nicht mehr in der richtigen Menge zugeführt werden.

So kann chronischer Jodmangel zu Strumabildung und einer Schilddrüsenunterfunktion führen (Tannen & Schütz, 2011). Andauernder Kalziummangel kann den altersbedingten Abbau von Knochenmasse und Knochenstruktur beschleunigen. Die Folge ist die Krankheit Osteoporose. Im Alter kann der osteoporotische Knochenabbau zu schwerwiegenden Frakturen führen. Natriummangel ist im Alter häufig die Ursache von Verwirrtheit, kognitiven Einbußen, Muskelkrämpfen oder Übelkeit. Anämie bzw. Blutarmut ist die Folge von einem Mangel an Vitamin B12. Ebenfalls zu Anämie aber auch zu Symptomen wie Erschöpfung oder einer gestörten Wärmeregulation des Körpers führt eine zu geringe Zufuhr von Eisen. Ein Zinkdefizit kann im Alter zu Appetitlosigkeit sowie einer Verschlechterung der Infektabwehr und der Wundheilung führen (Tannen & Schütz, 2011; Fit im Alter, 2016; 2016). Insgesamt gesehen, stellt Mangelernährung ein schwerwiegendes und vielschichtiges Problem dar. Tannen und Schütz (2011) halten fest:

„Die Folgen einer Mangelernährung zu behandeln ist sehr mühsam, und vor allem bei alten Menschen ist ein Gewichtsverlust kaum auszugleichen (...). Angesichts der gesundheitlichen Auswirkungen einer Mangelernährung ist auch mit erheblichen Kosten für die aufwendigen Behandlungen zu rechnen." (S. 16)

4.1.7.2 Fehlernährung

Krankheiten durch Fehlernährung entstehen, wenn sich ein Mensch zu einseitig ernährt. Dabei kommt es auch immer darauf an, in welchen Mengen und über welchen Zeitraum sich eine Person fehlernährt. So können auch geringe Mengen von ungesunder Nahrung über Jahre hinweg ein Verursacher oder Mitverursacher von Krankheiten sein. Demnach sind vor allem ältere Menschen von Erkrankungen durch Fehlernährung betroffen (Arens-Azevedo et al., 2002). Im Folgenden werden ausschließlich Krankheiten durch Fehlernährung erläutert, die für ältere Menschen von Bedeutung sind. Übergewicht entsteht durch ein Ungleichgewicht zwischen Energieaufnahme und Verbrauch. Als Konsequenz steigt der Anteil der Fettmasse im menschlichen Körper an (Menebröcker & Best, 2008; Biesalski & Adam, 1995). Übergewicht kann die Entstehung von Krankheiten wie Diabetes mellitus, Gicht oder Herz-und Kreislauferkrankungen begünstigen oder sogar verursachen. Je ausgeprägter das Übergewicht, desto höher auch das Risiko für eine oder mehrere Erkrankungen. Aber wo liegt hier die Grenze? Wann hat ein Mensch „einfach nur ein paar Kilo zu viel" und ab wann beginnt krankhaftes Übergewicht? Grundsätzlich gilt, dass Übergewicht dann einen Krankheitswert erlangt, wenn damit eine Beeinträchtigung von wichtigen Organfunktionen beziehungsweise eine erhöhte Morbidität und Mortalität verbunden ist (Hauner, 1995). Eine andere Erkrankung, die durch falsche Ernährung begünstigt werden kann, ist Diabetes mellitus. Diabetes mellitus ist eine chronische Stoffwechselstörung, die durch unzureichende Insulinwirkung gekennzeichnet ist (Menebröcker & Best, 2008; Toeller & Gries, 1995). Mögliche Folgen von Diabetes mellitus sind Nervenschäden, Nierenveränderungen oder Augenveränderungen. Diabetes mellitus ist mehr eine ernährungsrelevante als eine ernährungsbedingte Erkrankung. Daher sollten Menschen, die an Diabetes mellitus erkrankt sind darauf achten, sich mit vollwertiger Kost zu ernähren (Menebröcker & Best, 2008). Auf die Unterscheidung in Typ 1 und Typ 2 Diabetes mellitus wird an dieser Stelle bewusst verzichtet, da es für den weiteren Verlauf der Arbeit nicht von Bedeutung ist. Eine andere Stoffwechselerkrankung, die durch Fehlernährung begünstigt wird ist Hyperurikämie. Dabei handelt es sich zumeist um eine Ausscheidungsschwäche für Harnsäure. Steigt der Harnsäuregehalt über einen bestimmten Grenzwert, dann spricht man von Hyperurikämie. Eine steigende Harnsäurekonzentration erhöht die Wahrscheinlichkeit an Gicht zu erkranken. Gicht macht sich in erster Linie durch akute und schmerzhafte Entzündungen in den Gelenken bemerkbar. Zu einem sogenannten Gichtanfall kann es beispielsweise nach Fastenkuren oder dem übermäßigen Konsum von bestimmten Lebensmitteln kommen. Durch ausgewogene Ernährung und Verringerung der Purinzufuhr kann die Harnsäurekonzentration im Blut verringert werden. Purin kommt vor allem in Lebensmitteln mit einem hohen Eiweißgehalt vor (Arens-Azevedo et al., 2002; Menebröcker & Best, 2008). Ungünstiges Ernährungsverhalten, aber auch Veranlagung sind die Ursachen für Fettstoffwechselstörungen. Grundlegend muss zwischen primären und sekundären Stoffwechselstörungen unterschieden werden. Sekundäre Stoffwechselstörungen entstehen durch andere Grunderkrankungen wie Diabetes mellitus, Übergewicht oder Alkoholismus. Primäre Fettstoffwechselstörungen sind zum einen genetisch bedingt und zum anderen das Produkt eines ungesunden Lebensstils. Krankheitsrelevant sind hohe Cholesterol- und Triglyceridwerte. Sind diese Werte erhöht, kann es zu Ablagerungen in Haut und Gefäßen kommen. Man spricht dann von Gefäßverkalkung oder Arteriosklerose. Ungesättigte Fettsäuren zum Beispiel in Rapsöl oder Seefisch enthalten sowie ballaststoffreiche Kost können Fettstoffwechselstörungen vorbeugen. Analog zu Fettstoffwechselstörungen ist arterielle Hypertonie oder Bluthochdruck eine Erkrankung, die besonders in den Industrieländern verbreitet ist. Arterielle Hypertonie ist eine krankhafte Erhöhung des Gefäßinnendrucks der Arterien. Ursächlich für primären Bluthochdruck sind unter anderem Übergewicht, hoher Alkoholkonsum und hohe Kochsalzaufnahme. Von dieser Form des Bluthochdrucks sind circa 80 Prozent der Erkrankten betroffen. Die restlichen 20 Prozent leiden unter einer sogenannten sekundären Hypertonie, welche durch Nieren- oder Gefäßerkrankungen ausgelöst wird. Bluthochdruck kann in erster Linie mit Hilfe von Gewichtsreduktion und geringem Salzverzehr behandelt werden. Auch der Alkoholkonsum sollte auf ein relativ geringes Maß eingeschränkt werden (Arens-Azevedo et al., 2002;

Menebröcker & Best, 2008; Holtmeier, 1999; Wahrburg & Assmann, 1995). Die häufigste Magen- und Darmerkrankung unter der ältere Menschen leiden ist Obstipation bzw. chronische Verstopfung. Obstipation entsteht durch geringe Trinkmengen, Fehlernährung und mangelnde Bewegung. In Deutschland leiden in etwa 30-60 Prozent der Erwachsenen an Obstipation, wobei der Anteil der älteren Menschen höher ist als der der anderen Altersgruppen (Kasper & Scheppach, 1995). Um einer Verstopfung vorzubeugen oder diese zu therapieren, sollte man darauf achten, sich ballaststoffreich zu ernähren sowie auf „stopfende" Lebensmittel wie Weißbrot oder Schokolade zu verzichten (Menebröcker & Best, 2008; Kasper & Scheppach, 1995).

4.1.7.3 Krankheiten die auf eine Diät ansprechen

Bei manchen Krankheiten müssen Ernährungsempfehlungen gegeben werden, die nicht den bereits beschriebenen Ernährungsempfehlungen der Deutschen Gesellschaft für Ernährung entsprechen. Ein Beispiel hierfür sind Lebensmittelallergien. Eine Allergie entsteht durch eine Überreaktion des Immunsystems auf eine Fremdsubstanz. Schon kleinste Mengen dieser für gewöhnlich harmlosen Substanz reichen aus, um eine Reaktion des Körpers wie Juckreiz, Niesanfälle oder Übelkeit hervorzurufen. Um die Symptome einer Lebensmittelallergie zu vermeiden, sollten allergieauslösende Lebensmittel konsequent gemieden werden. Dafür ist eine eindeutige Diagnosestellung unverzichtbar (Arens-Azevedo et al., 2002; Menebröcker & Best, 2008). Anders als bei Lebensmittelallergien reagiert bei Lebensmittelunverträglichkeiten nicht das Immunsystem. Der Grund für Lebensmittelunverträglichkeiten ist sehr häufig im Darmsystem zu finden. Zum Beispiel bei einer Milchsäureunverträglichkeit ist der menschliche Körper nicht oder nur unzureichend in der Lage, den aufgenommenen Milchzucker im Dünndarm zu spalten. Es kommt zu Symptomen wie Blähungen, Durchfall, Bauchkrämpfen oder Erbrechen. Daher sollte der Verzehr von Lebensmitteln, die Laktose enthalten, vermieden werden (Menebröcker & Best, 2008). Eine weitere Lebensmittelunverträglichkeit ist die Fruchtzuckerunverträglichkeit. Eine Schwäche im Transportsystem des Körpers führt dabei zu einer begrenzten Fruchtzuckeraufnahme (Arens-Azevedo et al., 2002).

4.1.8 Gesundheitsverhalten

Die Frage, wie man Gesundheitsverhalten definiert und welche Verhaltensweisen als Gesundheitsverhaltensweisen bezeichnet werden können, hängt von der Perspektive ab. Die wohl häufigste Definition von Gesundheitsverhalten beruht auf epidemiologischen und klinischen Studien. Danach wird Gesundheitsverhalten als Verhalten definiert, von dem ein gesundheitsförderlicher Effekt angenommen werden kann (Renner & Staudinger, 2008). Die Liste dieser Verhaltensweisen umfasst zum Beispiel gesundheitsbeeinträchtigendes Risikoverhalten wie Rauchen oder übermäßigen Alkoholkonsum Aber auch gesundheitsförderliche Verhaltensweisen wie körperliche Aktivität, ausreichend Schlaf sowie eine ausgewogene Ernährung sind dort aufgenommen (Renner & Staudinger, 2008). Alle diese Verhaltensweisen weisen einen Zusammenhang mit Mortalität auf. Hat das Verhalten einer Person Auswirkungen auf eine bestimmte Erkrankung, dann spricht man ebenfalls von Gesundheits- bzw. Risikoverhalten (Renner & Staudinger, 2008). Gesundheitsverhalten kann aber auch aus einer individuellen, subjektiven Perspektive definiert werden. Demzufolge meint Gesundheitsverhalten jedes Verhalten, das darauf abzielt die Gesundheit zu erhalten. Und zwar unabhängig davon, ob dieses Verhalten aus medizinischer Sicht gesundheitsförderlich ist oder nicht (Renner & Schwarzer, 2003). Es gilt allerdings zu beachten, dass Gesundheitsverhalten auch von anderen Faktoren abhängig ist. Denn aus einer gesundheitspsychologischen Perspektive werden Gesundheitsverhaltensweisen nicht nur hinsichtlich ihres Effekts auf die psychische und physische Gesundheit unterschieden. Vielmehr differenzieren sie sich auch hinsichtlich ihrer Merkmale wie Dauer, Komplexität, Kosten und ihrer Funktionen. Damit sind beispielsweise soziale Anerkennung oder die Regulation von Emotionen gemeint (Renner & Schwarzer, 2003). Folglich hat ein junger Mann, der in einer Gruppe Sport treibt mit hoher Wahrscheinlichkeit nicht ausschließlich den gesundheitlichen Aspekt einer körperlichen Betätigung als Motiv. Es spielen beispielsweise auch soziale Motive eine Rolle. Die unterschiedlichen Faktoren und Motive, die Einfluss auf das Ernährungsverhalten haben sind sehr zahlreich und in vielen Fällen komplett unabhängig voneinander. Demnach kann ein Mann der sich ungesund ernährt, trotzdem zu Vorsorgeuntersuchungen gehen oder körperlich sehr aktiv sein. Daher macht es Sinn, Gesundheitsverhalten in verschiedene Bereiche zu unterteilen und bereichsspezifisch zu untersuchen (Renner & Staudinger, 2008). Eine Studie aus den USA stellte Rauchen, körperliche Inaktivität, Alkoholkonsum und ungesunde Ernährung als die wichtigsten gesundheitsgefährdenden Verhaltensweisen heraus (Mokdad et al, 2004).

4.1.9 Gesundheitsverhalten im Alter

Das Gesundheitsverhalten eines Menschen ist ein dynamischer Prozess. Über verschiedene Altersstufen hinweg verändert es sich unterschiedlich stark (Zajani et al., 2006). Studien konnten zeigen, dass ältere Erwachsene ab 60 Jahren gegenüber jüngeren und mittleren Erwachsenen insgesamt ein gesünderes Verhalten an den Tag legten. So ernährten sie sich gesünder, nahmen häufiger an Vorsorgeuntersuchungen teil, rauchten weniger, tranken weniger Alkohol und verfügten häufiger über ausreichend Schlaf. Lediglich im Bereich der körperlichen Aktivität waren die jüngeren Erwachsenen den Älteren „voraus“ (Renner & Staudiner, 2008). Man kann folglich festhalten, dass sich ältere Erwachsene im Durchschnitt gesünder Verhalten als Erwachsene im jüngeren oder mittleren Alter. Ein Grund hierfür könnte die wachsende Bedeutung des eigenen Gesundheitszustandes mit steigenden Alter sein. So wurden ältere Menschen im Rahmen eines Alterssurveys gebeten, aus 21 Themenbereichen die Themen zu nennen, welche ihr tägliches Denken und Handeln bestimmen. Die Gruppe der 65-74 Jährigen nannte neben Sicherheit der Familie Gesundheit als zweitwichtigstes Thema. Für die Gruppe der 75-84 Jährigen war Gesundheit sogar das wichtigste Themengebiet (Wurm et al., 2009). Die steigende Anfälligkeit für Erkrankungen im Alter, verstärkt die Wichtigkeit des eigenen Gesundheitszustands für das tägliche Leben und hat somit auch Einfluss auf das Gesundheitsverhalten (Wurm et al., 2009).

4.1.10 Ernährungsverhalten

Die Überflusssituation in den westlichen Industrienationen ermöglicht einem Großteil der Bevölkerung unbegrenzten Zugang zu Nahrungsmitteln. Trotz dieser eigentlich guten Ausgangsituation ernähren sich die meisten Menschen anders als sie sich ernähren sollten (Pudel, 2003). Warum ist das so? Die Ernährungspsychologie versucht Antworten für diese und andere Fragen zu finden, indem sie das Ess- und Trinkverhalten bzw. Ernährungsverhalten untersucht. Grundlegend gilt, dass das Ernährungsverhalten ausschlaggebend für den Gebrauch von Nahrungsmitteln, die Zufuhr von Energie- und Nährstoffen sowie den Ernährungs- und Gesundheitszustand ist (Diedrichsen, 1990). Das Ess- und Trinkverhalten eines Menschen ist als eine komplexe, sich ständig wiederholende Handlung zu sehen. Motivationen, Ziele, Gewohnheiten und Umweltbedingungen bestimmen dabei die Ernährungshandlungen (Diedrichsen, 1990). Durch das Wahrnehmen der Nahrung erhält der Mensch Informationen. Diese Informationsaufnahme geschieht laut Diedrichsen (1990) stets subjektiv.

„Motivationen, wie Hunger und Durst, Emotionen, wie etwa Nahrungsvorlieben und -abneigungen, und kognitive Vorgänge, wie Wahrnehmung und Erwartung, bestimmen ganz entscheidend die Art und Weise der Informationsaufnahme und -verarbeitung beim Menschen." (S.4)

Das gleiche Nahrungsmittel oder das gleiche Essensgericht wird also von jedem Menschen anders wahrgenommen. Ob eine Person beispielsweise einen Schweinebraten verzehrt, hängt somit zum einen davon ab, ob sie Appetit darauf hat und ob sie positive oder negative Emotionen mit dem Gericht Schweinebraten verbindet. Zum anderen spielt es eine wichtige Rolle wie Aussehen, Geruch und Geschmack des Gerichts wahrgenommen werden. Insgesamt lässt sich festhalten, dass das Ernährungsverhalten einer Person zu einem bestimmten Zeitpunkt das Produkt der zentralen psychischen Informationsaufnahme und -verarbeitung von inneren und äußeren Bedingungen ist (Diedrichsen, 1990). Doch nochmal zurück zur Frage vom Anfang dieses Abschnitts. Warum ernähren sich Menschen anders als sie sollten? Umfragen zur Folge hat die Mehrheit der deutschen Bevölkerung eine durchaus positive Einstellung gegenüber gesunder Ernährung. So wird richtiger Ernährung eine zentrale Bedeutung für die Gesundheit zugeschrieben (Diehl, 2000). Darüber hinaus ist der überwiegende Teil der Erwachsenen in der Lage zu beschreiben, was eine gute Ernährung ausmacht. Gute Ernährung orientiert sich dabei an den bereits erläuterten Ernährungsregeln der DGE (Diehl, 2000). Trotz dieser eigentlich positiven Voraussetzungen weichen die Ernährungsgewohnheiten bei einem großen Teil der Bevölkerung von den Empfehlungen ab. Verantwortlich hierfür sind unter anderen drei wesentliche Faktoren. Zum einen lassen sich die gesundheitlichen Effekte einer vernünftigen Ernährung nur schwer überprüfen. Zudem handeln Menschen im Zusammenhang mit Ernährung häufig nach dem Mechanismus des „optimistischen Fehlschusses". Damit ist gemeint, dass die Wahrscheinlichkeit negativer

Folgen von ungesunden Ernährungsverhaltens immer noch so gering ist, dass nach dem Prinzip „es wird mich schon nicht treffen" gehandelt wird. Als dritter Faktor ist die eher langfristige Wirkungsweise von gesunder Ernährung zu erwähnen. Mit Effekten ist wahrscheinlicher in der fernen als in der nahen Zukunft zu rechnen (Diehl, 2000). Dieser Punkt wird im weiteren Verlauf dieser Arbeit nochmals aufgegriffen.

4.1.11 Ernährungsverhalten im Alter

Wie bereits beschrieben, hat eine Vielzahl von Faktoren Einfluss auf das Ernährungsverhalten. Die Auswirkungen der physiologischen Veränderungen des Alterns wurden in Abschnitt 4.1.6 beschrieben. Sie haben je nach Ausprägung mehr oder weniger Einfluss auf das Ernährungsverhalten. Das Ess- und Trinkverhalten von älteren Menschen ist außerdem an Gewohnheiten gebunden und an pseudorationalen Grundsätzen orientiert (Diedrichsen, 1990). Über den Verlauf von vielen Jahrzehnten haben sich Ernährungsgewohnheiten manifestiert und in die Ernährungsbiografie der alten Menschen integriert. Dazu sind die Kriegs- und Nachkriegsgenerationen in Deutschland ein geeignetes Beispiel. Ein Großteil der Menschen dieser Generationen hat existentielle Erfahrungen der Nahrungsmitteleinschränkung und –verknappung erlebt. Daraus resultiert eine, für diese Generation typische, durch Hochachtung gekennzeichnete Wertschätzung für Lebensmittel (Pudel, 2003). Bei Menschen die nach 1950 geboren sind, fehlt diese Ernährungsstellung in den meisten Fällen. Ebenfalls charakteristisch für das Ernährungsverhalten von älteren Menschen sind die sich ändernden Motive. Demnach essen ältere Menschen häufiger aus Motiven wie Tradition oder Bequemlichkeit. Darüber hinaus hat Ernährung auch einen psychologischen Wert für ältere Menschen. Das Zubereiten von traditionellen Gerichten gibt vielen älteren, meist weiblichen Menschen ein Gefühl der Sicherheit und Bestätigung.

Außerdem dient das gemeinsame Verzehren der traditionellen Mahlzeiten wie Frühstück, Mittagessen und Abendessen der sozialen Teilhabe (Diedrichsen, 1990; Pudel, 2003).

4.1.12 Subjektive Gesundheit

Die subjektive Gesundheit bezeichnet das individuelle Gesundheitserleben eines Menschen (Wurm et al., 2009). Im Verlauf des Alterungsprozesses verschlechtert sich der subjektive Gesundheitszustand weniger stark als der objektive Gesundheitszustand. Mit dem objektiven Gesundheitszustand ist der medizinisch diagnostizierte Zustand eines Menschen gemeint. Mit steigenden Alter unterscheiden sich subjektive und objektive Gesundheit also immer stärker. Personen die aus medizinischer Sicht unter mehreren Erkrankungen leiden können dennoch eine gute subjektive Gesundheit haben. Umgekehrt ist es möglich, dass Menschen, die ihre subjektive Gesundheit eher schlecht einschätzen aus medizinischer Sicht gesund sind (Wurm et al., 2009). Diese Erkenntnis alleine wäre nicht von besonderer Bedeutung. Studien haben allerdings die spezifische Bedeutung von subjektiver Gesundheit im Hinblick auf die vorzeitige Sterblichkeit herausgestellt. So konnte eine schlechte subjektive Gesundheit den Verlust von funktionalen Fähigkeiten voraussagen (Wurm et al., 2009). Zudem konnte auch ein Zusammenhang zwischen der subjektiven Gesundheit und psychischen bzw. kognitiven Folgen nachgewiesen werden. In einer Studie von Jang et al. (2004) waren Menschen, die an körperlichen Einschränkungen oder Krankheiten litten eher von Depressionen betroffen, wenn sie ihre subjektive Gesundheit als schlecht bzw. weniger gut einschätzten. Im Vergleich ist das subjektive Gesundheitserleben also besser in der Lage, die nachfolgende Sterblichkeit vorherzusagen als die objektive Gesundheit (Wurm et al., 2009; Gunzelmann et al., 2006). Im Alterungsverlauf verschlechtert sich die Einschätzung des eigenen Gesundheitszustands sukzessive. Die Wichtigkeit der eigenen Gesundheit gewinnt dagegen immer mehr an Bedeutung (Wurm et al., 2009).

4.2 Grundlegende Theorien

4.2.1 Selbstkontrolle

Für das Konstrukt der Selbstkontrolle lässt sich in der Literatur keine einheitliche Definition finden. Begriffe wie Selbstregulation, Handlungskontrolle und Selbstdisziplin überschneiden sich und lassen keine klare Abgrenzung zu. Eine mögliche Definition von Selbstkontrolle stammt von Burkert und Sniehotta (2009). Sie beschreiben Selbstkontrolle als das absichtliche, aktive Dirigieren und Lenken von Gedanken, Gefühlen und Verhalten. Damit werden spontane, meist unerwünschte Verhaltenstendenzen wie zum Beispiel Naschen durch zielgerichtetes Verhalten wie etwa Obstessen, ausgetauscht. Im Folgenden werden die Begriffe Selbstregulation und Selbstkontrolle als austauschbar gesehen (Gaar, 2009). Von Selbstkontrolle oder Selbstregulation spricht man vereinfacht auch immer dann, wenn sich eine Person in einem Konflikt befindet zwischen mehreren Verhaltensweisen entscheiden zu müssen. Dabei unterscheidet man zwei Typen von Konflikten. Zum einen heldenhaftes Verhalten. Dieses ist durch kurzfristig aversive Konsequenzen, aber langfristig bedeutsame positive Konsequenzen gekennzeichnet. Eine Darmkrebs-Vorsorgeuntersuchung wäre ein passendes Beispiel. Zum anderen spricht man vom Wiederstehen einer Versuchung. Damit ist gemeint, dass ein Individuum kurzfristig auf eine subjektiv positive Konsequenz verzichtet, um später bedeutsamere positive Konsequenzen zu erreichen. Also beispielsweise der Verzicht auf den Genuss von Tabak, um im späteren Leben das Risiko einer Krebserkrankung zu verringern (Dorsch, 2013). Selbstkontrolle ist also nötig, um einer Versuchung zu wiederstehen oder etwas Unangenehmes zu tun, um in der Zukunft positive Effekte zu erzielen. Je höher das Maß an Selbstkontrolle einer Person ist, desto wahrscheinlicher ist es, dass diese Person beispielsweise nicht raucht oder regelmäßig Vorsorgeuntersuchungen besucht. Dieser Prozess hat durchaus Parallelen zum Paradigma des DoG. Beide Konstrukte beinhalten den aktiven Umgang mit zukünftigen Zielen. Es ist daher auch wenig überraschend, dass das DoG von vielen Autoren als Maßstab für den Grad der Selbstregulation verwendet wird (Drobetz et al., 2012).

4.2.2 Delay Discounting

Delay Discounting (DD) beschreibt eine Tendenz, bei der eine zukünftige Belohnung gedanklich abgewertet wird, je weiter sich der zeitliche Abstand zu dieser Belohnung vergrößert (Gaar, 2009). Je länger der Zeitraum ist, in dem Menschen auf eine Belohnung warten, desto mehr diskontieren sie. Das bedeutet, dass zeitlich nähere Belohnungen weniger stark abgewertet werden, als zeitlich weiter entfernte Belohnungen (Gleitsmann, 2013). Ein Beispiel wäre ein übergewichtiger Mann, der mit Hilfe einer Diät an Gewicht verlieren möchte. Trotz einer Diät, bei der er auf seine Lieblingsgerichte verzichtet, verliert er auch nach drei Wochen kaum an Gewicht. Wahrscheinlich wird der Mann sein zukünftiges Ziel Gewicht zu verlieren, abwerten. Wohingegen der Verzehr seiner ungesunden Leibgerichte aufgewertet wird, da diese verfügbar sind. DD meint also den Grad, bei dem Individuen die verspätete Belohnung abwerten (Drobetz et al., 2012). DoG und DD sind ähnlich, unterscheiden sich aber dennoch. Während es beim DoG um fortwährende Entscheidungen geht, stehen beim DD verpflichtende Entscheidungen im Vordergrund. Studien zu DD stellen die Testpersonen vor eine verpflichtende und unveränderbare Wahl zwischen einer sofortigen Belohnung und einer Belohnung in der Zukunft. In den Experimenten zu DoG haben die Testpersonen jederzeit die

Möglichkeit, ihre Entscheidung zu revidieren und sich für die kleinere, sofortige Belohnung zu entscheiden (Drobetz et al., 2012) Mehr dazu in Abschnitt 4.2.3..

4.2.3 Delay of Gratification

Das Paradigma des DoG heißt übersetzt Belohnungsaufschub und stellt eine der theoretischen Grundlagen dieser Arbeit dar. Von DoG spricht man immer dann, wenn eine kurzfristig erhältliche, kleinere Belohnung zugunsten einer erst später zugänglichen, aber entscheidend größeren Belohnung ausgeschlagen wird. Der zentrale Kern dieses Paradigmas ist der Verzicht auf eine verfügbare Belohnung über einen bestimmten Zeitraum hinweg (Gaar, 2009; Dorsch, 2013). Grundlage des DoG Paradigmas sind die sogenannten Marshmallow-Experimente von Walter Mischel und seinen Kollegen. Dabei wurden Schulkinder vor die Wahl gestellt, einen Marshmallow sofort oder zwei nach einer bestimmten Wartezeit zu erhalten. Den zweiten Marshmallow erhielten die Kinder nur wenn sie den ersten Marshmallow unangetastet ließen (Mischel et al., 1989/Dorsch, 2013). Der auf den ersten Blick sehr triviale Marshmallow-Test scheint alles in allem ein gutes prognostisches Instrumentarium zu sein, um sozial-kognitive, personale und inter-personale Kompetenzen bezüglich des späteren Lebens vorherzusagen (Gaar, 2009). So konnten Studien beispielsweise einen Zusammenhang zwischen dem Abschneiden im Marshmallow-Test und der späteren Lebensbewältigung feststellen. Je länger ein Kind im Alter zwischen vier und fünf Jahren dem Marshmallow wiederstand desto erfolgreicher bewältigte es sein späteres Leben (Gaar, 2009). Der Marshmallow-Test spiegelt also ein Dilemma des täglichen Lebens wieder. Nämlich die Entscheidung zwischen einer sofortigen Belohnung und einer größeren, aber verspäteten Belohnung. Die verspätete Belohnung ist häufig nicht nur mit einem Zeitaufwand sondern auch mit Anstrengung verbunden. Obwohl alle Altersgruppen vom Dilemma des Belohnungsaufschubs betroffen sind, hat sich die bisherige Forschungsarbeit zumeist auf Kinder und Jugendliche konzentriert. Ein Grund hierfür ist sicherlich, dass der Original-Test von Walter Mischel speziell für Kinder konzipiert wurde. Darüber hinaus sind DoG-Tests mit Erwachsenen oder älteren Menschen wesentlich komplizierter. Denn um einen sinnvollen DoG-Test durchführen zu können, müssten sowohl die Belohnung als auch die Wartezeit sinnvoll und möglichst repräsentativ ausgewählt werden (Drobetz et al., 2012). Es müsste eine Belohnung ausgesucht werden, die für möglichst viele Menschen von Bedeutung ist. Vor dem Hintergrund einer mit dem Alter wachsenden Heterogenität erscheint dies als eine sehr schwierige Aufgabe (Kruse et al., 2004; Oswald, 2000). Trotzdem finden sich in der Literatur einige Studien zum Thema DoG in Verbindung mit Erwachsenen bzw. älteren Menschen. Diese nutzen in den meisten Fällen Fragebögen oder Interviews als Erhebungsinstrument. Es wird beispielsweise gefragt, ob man sein Geld lieber jetzt für schicke Kleidung oder stattdessen in zwei Jahren für ein Auto ausgeben würde (Drobetz et al., 2012). Zusammenfassend kann man das DoG als ein multidimensionales Konstrukt bezeichnen, welches mit Eigenschaften wie Selbstregulation, Willensstärke und Voraussicht verknüpft ist. Personen, die Impulsen wiederstehen können, um ein subjektiv wertvolles Ziel zu erreichen, verfügen in der Regel über ein hohes Maß an Belohnungsaufschub (Gaar, 2009).

4.2.4 Sozioemotionale Selektivitätstheorie

Die Theorie der sozioemotionalen Selektivität ist eine Lebensspannentheorie, die vor allem motivationale Konsequenzen der Zeitwahrnehmung betont (Carstensen & Lang, 2007). Carstensens Theorie behauptet, dass die Wahrnehmung von Zeit eine grundlegende Rolle bei der Auswahl und Verfolgung von Zielen und der Auswahl von sozialen Kontakten spielt (Carstensen et al., 1999). Carstensen und Kollegen (1999) formulieren das wie folgt:

„Socioemotional selectivity theory addresses the role of time in predicting the goals that people pursue and the social partners they seek to fulfill them." (S.166)

Folgende drei Annahmen bilden die Grundlage der Sozioemotionalen Selektivitätstheorie. Zuerst wird davon ausgegangen, dass soziale Interaktionen für den Menschen lebensnotwendig sind. Zweitens wird das menschliche Verhalten durch die mögliche Erreichung von Zielen in der Zukunft gesteuert. Drittens wird angenommen, dass die Auswahl der Ziele das zukünftige Handeln vorhersagt bzw. bestimmt. Der Faktor Zeit nimmt in der sozioemotionalen Selektivitätstheorie eine entscheidende Rolle ein (Carstensen et al., 1999). Denn Menschen sind sich ihrer Zeit bewusst, nicht nur der täglichen Uhrzeit oder der Jahreszeit, sondern auch der Lebenszeit (Medina, 1996). Sehen Menschen ihre Zukunft als unbegrenzt und offen an, werden häufiger zukunfts- und bildungsbezogene Ziele verfolgt. Investitionen werden getätigt, um Schwierigkeiten im weiteren Lebensverlauf besser meistern zu können. Andersherum priorisieren Menschen mit einer begrenzten Zukunftsperspektive eher emotionale Ziele. Aufgrund der subjektiv limitierten Lebenszeit liegt der Fokus auf Sinnerfüllung in der nahen Zukunft (Carstensen et al., 1999; Rager et al., 2012). Die Wahrnehmung der Zeit hat nach Carstensen also Auswirkungen auf Motivation, Emotionen, Denk- und letztlich auch Entscheidungsprozesse. Carstensen und Kollegen (1999) halten fest:

„The argument we make herein is that temporal emphasis on the present increases the value people place on life and emotion, importantly influencing the decisions they make"(S. 166).

Da ältere Menschen ihre Zukunft im Normalfall zeitlich begrenzter sehen als jüngere Menschen, haben ältere Menschen nach der sozioemotionalen Selektivitätstheorie in vielen Fällen andere, emotionalere Ziele als jüngere Menschen. Im Hinblick auf das Thema Ernährung könnte das beispielsweise bedeuten, dass ältere Menschen, die ihre zukünftige Lebenszeit als stärker begrenzt einschätzen, mehr den emotionalen Genuss als den gesundheitlichen, zukunftsorientierten Aspekt von Ernährung in den Vordergrund stellen.

4.2.5 Verknüpfung sozioemotionale Selektivitätstheorie und Delay of Gratification

Sowohl bei der sozioemotionalen Selektivitätstheorie, als auch beim Paradigma des DoG ist der Faktor Zeit von entscheidender Bedeutung. Allerdings auf unterschiedliche Art und Weise. Die Selektivitätstheorie sieht die subjektiv verbleibende Lebenszeit als Ausschlag gebend dafür, ob Menschen emotionale oder bildungsbezogene Ziele bevorzugen. Beim Paradigma des DoG spielt die Dauer der Wartezeit eine maßgebliche Rolle. Je länger man auf eine zukünftige Belohnung warten muss, desto unattraktiver wird diese. In einem Aufsatz von Carstensen et al. (1999) werden die sozioemotionale Selektivitätstheorie und das Paradigma des DoG verknüpft.

„The theory predicts that future-oriented goals (...) will be adaptively prioritized when the future is perceived as expansive, and that this will be the case even when knowledge-related goals entail the delay of emotional rewards or emotional costs."(S. 167)

Es wird also behauptet, dass Menschen die ihre verbleibende Lebenszeit als sehr weitreichend empfinden, bildungsbezogene Ziele priorisieren, auch wenn dies den Aufschub einer emotionalen Belohnung bedeutet. Ein mögliches Beispiel dazu. Eine junge Frau besucht einen Infoabend für Masterstudiengänge ihrer Universität, anstatt sich mit einer sehr guten Freundin zu treffen. Zum einen bevorzugt sie in diesem Fall ein bildungsbezogenes Ziel in der Zukunft, nämlich den passenden Masterstudiengang zu finden. Diese Handlungsweise passt zur sozioemotionalen Selektivitätstheorie. Zum anderen verzichtet sie auf eine kleinere Belohnung, und zwar dem Treffen mit der Freundin, um in der Zukunft die Chance auf einen passenden und gut bezahlten Job zu haben, was dem Paradigma des DoG entspricht. Sowohl

DoG als auch die sozioemotionale Selektivitätstheorie spielen bei dieser Entscheidung eine tragende Rolle.

4.2.6 Fragestellung und Hypothesen

Aufbauend auf den theoretischen Grundlagen, stellt der nachfolgende Abschnitt die Forschungsfrage sowie die Hypothese der Arbeit dar.

Wie bereits dargelegt, ist gesunde Ernährung eine der wichtigsten Vorrausetzungen für ein langes und gesundes Leben. Aufgrund von verringerter körperlicher Aktivität, geringerer Muskelmasse sowie anderen bereits erläuterten Faktoren haben ältere Menschen im Normalfall einen niedrigeren Energiebedarf als Menschen im jüngeren und mittleren Erwachsenenalter (Wakimoto et al., 2001; Renner & Staudinger, 2008). Die Folge ist, dass die konsumierte Nahrungemenge mit dem Alter abnimmt. Gleichzeitig bleibt der Bedarf an Nährstoffen, Vitaminen und Mineralstoffen relativ konstant (Wakimoto et al., 2001). Daher ist gesunde Ernährung gerade für Menschen im Alter von großer Bedeutung. Und tatsächlich ernähren sich ältere Menschen insgesamt gesünder als jüngere Menschen. So konnte in einer Studie zum Zusammenhang zwischen Alter und Gesundheitsverhalten gezeigt werden, dass ältere Erwachsene über 60 Jahren ein gesünderes Ernährungsverhalten an den Tag legten (Prohaska et al., 1985). In anderen Studien zeigte sich, dass ältere Menschen seltener rotes Fleisch und fette Nahrungsmittel konsumieren, dagegen aber häufiger Obst und Gemüse verzehrten (Renner & Staudinger, 2008). Je älter also der Mensch desto besser bzw. gesünder wird sein Ernährungsverhalten. Diese Aussage ist so nicht richtig. In einer Längsschnittstudie fanden Zanjani und Kollegen (2006) heraus, dass das Ernährungsverhalten keinem positiven linearen Trend folgt, das heißt mit höheren Alter besser wird. Vielmehr zeigte sich in der Längsschnittstudie über 5 Jahre ein umgekehrter u-förmiger Zusammenhang mit dem Alter.

Und zwar bei älteren Menschen über 73 Jahren, die entweder an einer kardiovaskulären Erkrankung oder Komorbidität litten. Ältere Studienteilnehmer ließen im Vergleich zu jungen Befragten, ein stark ausgeprägtes protektives Ernährungsverhalten erkennen. Allerdings verschlechterte sich das Ernährungsverhalten der Gruppe der Erkrankten über 73 Jährigen während des 5 jährigen Erhebungszeitraums erkennbar (Zanjani et al., 2006). Worin aber könnten die Gründe für die Verschlechterung des Ernährungsverhaltens liegen? Wie bereits erwähnt haben physiologische Veränderungen sowie Erkrankungen direkte Auswirkungen auf das Ernährungsverhalten (Arens-Azevedo et al., 2002). Je älter eine Person wird, desto höher ist auch das Risiko, dass das Ernährungsverhalten durch physiologische Veränderungen oder Krankheiten eingeschränkt wird (Arens-Azevedo et al., 2002). Eine andere Erklärung dafür, dass sehr alte Menschen möglicherweise weniger stark auf eine gesunde Ernährung achten, könnte im Faktor Zeit liegen. Menschen sind sich der Zeit und somit auch ihrer Lebenszeit bewusst (Medina, 1996). Mit steigenden Alter verkürzt sich die restliche Lebenszeit immer weiter. Der zukünftige Nutzen einer gesunden Lebensweise, wozu auch gesunde Ernährung zählt, wird immer geringer. Für meine Arbeit ist daher folgende Forschungsfrage von Relevanz:

Wenn gesunde Ernährung als ein „Investment" in die Zukunft gesehen werden kann, inwieweit verändern sich die Einstellungen zur Wirksamkeit von gesunder Ernährung sowie die Praktizierung von gesunder Ernährung, bei älteren Menschen?

Die Unsicherheit, ob sich das Investment gesunde Ernährung tatsächlich lohnt, könnte vor allem bei Menschen im hohen Alter dazu führen, dass diese weniger stark oder gar nicht mehr auf den gesundheitlichen Aspekt von Ernährung achten. Begründen lässt sich diese Überlegung durch das Paradigma des DoG und durch die sozioemotionale Selektivitätstheorie. Beim Paradigma des DoG steht der Verzicht auf eine verfügbare Belohnung über einen bestimmten Zeitraum hinweg im Vordergrund, um zu einem späteren Zeitpunkt eine größere

Belohnung zu erhalten (Gaar, 2009; Dorsch, 2013). Auf aktuelle Fragestellung übertragen, stehen Menschen im hohen Alter vor der Entscheidung, ob sie beispielsweise auf ungesunde Nahrungsmittel verzichten, um in der Zukunft eine bessere Chance auf eine gute Gesundheit zu haben. Allerdings ist diese Belohnung für ältere Menschen weniger wahrscheinlich als für jüngere Menschen. Zum einen ist dies auf die geringere fernere Lebenserwartung von älteren Menschen zurückzuführen. Darüber hinaus lassen sich eine Reihe von Gegebenheiten, wie das Körpergewicht, der Fettstoffwechsel oder die Knochendichte im hohen Alter nicht mehr wesentlich durch Ernährung beeinflussen (Arens-Azevedo et al., 2002). Zusätzlich kann eine ungünstige Ernährungsweise während anderer Lebensphasen bleibende Ernährungsgewohnheiten hinterlassen, die besonders im Alter ein erhebliches Hindernis für eine gesunde Ernährung bedeuten (Arens-Azevedo et al., 2002). An dieser Stelle sollte folgender Punkt nicht unerwähnt bleiben. Die positiven Effekte von gesunder Ernährung können in jeder Lebensphase und damit natürlich auch im Alter positiven Einfluss auf die Gesundheit haben (Chernoff, 2001). Auf das Paradigma des DoG übertragen, sinkt also der Wert der zukünftigen Belohnung für den älteren Menschen mit steigenden Alter. Mit dem sinkenden Wert der Belohnung würde sich somit auch die Wahrscheinlichkeit verringern, dass eine sofortige Belohnung wie etwa ein stark zuckerhaltiges Getränk oder sehr fettes Essen gegenüber einer zukünftigen Belohnung – wie der einer besseren Gesundheit - , ausgeschlagen wird.

Der Faktor Zeit steht wie beim DoG auch bei der sozioemotionalen Selektivitätstheorie im Vordergrund. Besonders die Wahrnehmung der subjektiv verbleibenden Lebenszeit ist hier entscheidend. Die Theorie besagt, dass zukunfts- und wissensorientierte Ziele priorisiert werden, wenn die Lebenszeit als weitreichend empfunden wird. Wird die Lebenszeit zunehmend als begrenzt wahrgenommen, rücken emotionale Ziele in den Vordergrund

(Carstensen et al., 1999). Auf die Forschungsfrage übertragen, könnte man wie folgt argumentieren. Das Ziel von gesunder Ernährung ist es unter anderem, dem Körper etwas Gutes zu tun und damit auch die Chancen auf eine gute Gesundheit in der Zukunft zu erhöhen (Renner et al., 2012). Mit ansteigenden Alter beginnen Menschen sich mehr auf die Gegenwart als auf die Zukunft zu fokussieren (Carstensen et al., 1999). Der mögliche zukünftige Nutzen von gesunder Ernährung könnte folglich in den Hintergrund rücken. Die Befriedigung von emotionalen Bedürfnissen wie Genuss und guter Geschmack würde demnach an Bedeutung gewinnen (Pudel, 2003). Und das unabhängig davon, ob die verzehrten Lebensmittel nun gesund sind oder nicht. Auf Grundlage der dargestellten Überlegungen lauten meine Hypothesen wie folgt:

H1a: *Je höher das chronologische Alter, umso negativer sind die Einstellungen gegenüber der Wirksamkeit von gesunder Ernährung.*

H1b: *Je geringer die subjektive Einschätzung der restlichen Lebenszeit, umso negativer sind die Einstellungen gegenüber der Wirksamkeit von gesunder Ernährung.*

H2a: *Mit einem höheren chronologischen Alter praktizieren ältere Menschen ein weniger gesundes Ernährungsverhalten.*

H2b: *Mit einer geringeren subjektiven Einschätzung der restlichen Lebenszeit praktizieren ältere Menschen ein weniger gesundes Ernährungsverhalten.*

Es wird also zum einen vermutet, dass mit steigendem chronologischen Alter bzw. sinkender subjektiver Restlebenszeit ein weniger gesundes Ernährungsverhalten praktiziert wird. (H2a und H2b) Zum anderen schlagen die Hypothesen vor, dass sich die Einstellungen zur Wirksamkeit von gesunder Ernährung mit steigendem chronologischen Alter bzw. sinkender subjektiver Restlebenszeit verschlechtern. (H1a und H1b) An dieser Stelle soll erwähnt werden, dass in erster Linie die Hypothesen H1b und H2b von Interesse sind. Grund hierfür ist die große Bedeutung des subjektiven Alters als Indikator für Zufriedenheit und Langlebigkeit im Vergleich zum kalendarischen Alter (Lehr et al., 1968). Trotzdem wurde das chronologische Alter als „Standardgröße" mit in den Forschungsprozess aufgenommen. Zum einen um zu untersuchen, ob die subjektive Einschätzung des restlichen Lebensalters einen stärkeren Zusammenhang mit den Zielvariablen Praktizierung von gesunder Ernährung und Einstellungen zur Wirksamkeit von gesunder Ernährung hat, als das chronologische Alter. Der andere Grund ist, dass das chronologische Alter in vielen Studien und wissenschaftlichen Arbeiten als Standardgröße verwendet wird. Aus Gründen der Vergleichbarkeit wird das chronologische Alter daher mit in die Studie einbezogen.

5 Daten und Methoden

5.1 Darstellung der Methodik

In der in dieser Arbeit enthaltenen Studie wird eine quantitative Befragung als Datenerhebungstechnik angewandt. Die Daten werden mit Hilfe einer schriftlichen Befragung in Form von Fragebögen erhoben (Hug et al., 2010). Im ersten Teil des Fragebogens wird nach den Einstellungen zur Wirksamkeit und Praktizierung gesunder Ernährung gefragt. In Teil zwei werden die Testpersonen nach personalen und demographischen Eigenschaften sowie der subjektiven Lebenserwartung gefragt. Zusätzlich werden noch zwei standardisierte Testverfahren eingesetzt. Ein Mini Nutritional Assessment zur Überprüfung des Ernährungszustandes. Und ein Mini Mental Status Test, um eine demenzielle Erkrankung auszuschließen.

5.1.1 Quantitative Forschung

Quantitative Forschungsmethoden werden zumeist im Rahmen von Experimenten und Surveys eingesetzt. Ziel der quantitativen Forschung ist es, allgemeingültige und repräsentative Ergebnisse zu erzielen. Aus diesem Grund wird überwiegend mit großen Stichproben gearbeitet (Hug et al., 2010). Im Vergleich zur qualitativen Forschung lässt sich nach Hug und Kollegen (2010) folgendes festhalten:

„Quantitative Forschung ist (...) im Vergleich zu qualitativer Forschung, (...), planvoller und linearer im Ablauf, stärker den Forschungsgegenstand in theoretische Einzelbestandteile zergliedernd, mehr abstrahierend in der Theoriebildung und distanzierter im Verhältnis zu den Versuchsobjekten." (S. 88)

Die quantitative Forschung unterliegt also strengeren Kriterien, welche die Qualität des Forschungsprozesses sicherstellen sollen. Dementsprechend gelten in der quantitativen Forschung sogenannte Gütekriterien. Die Qualität eines Tests oder eines Fragebogens lässt sich anhand der drei zentralen Gütekriterien Objektivität, Reliabilität und Validität festmachen (Bortz, 2005; Raithel 2008). Ein Test oder Fragebogen ist objektiv, wenn er vom Testanwender unabhängig ist. Erzielen zwei verschiedene Anwender mit demselben Testinstrument identische Ergebnisse, so ist vollständige Objektivität gegeben (Bortz, 2005; Raithel, 2008). Die Reliabilität oder Zuverlässigkeit meint die Präzision bzw. Genauigkeit eines Messinstruments. Die Reliabilität eines Instruments ist folglich ein Maß für die Replizierbarkeit von Messergebnissen (Bortz, 2005; Raithel, 2008). Das dritte und wichtigste Testkriterium ist die Validität. Ein Test ist dann valide, wenn er wirklich das misst, was er messen soll. Ein Test, der nicht wirklich das misst, was er zu messen vorgibt, ist unbrauchbar (Bortz, 2005; Raithel 2008). Neben den gerade beschriebenen Hauptgütekriterien, gilt es auch Nebengütekriterien wie Nützlichkeit und Ökonomie zu beachten. *Abbildung 4* zeigt einen Überblick über die Haupt- und Nebengütekriterien.

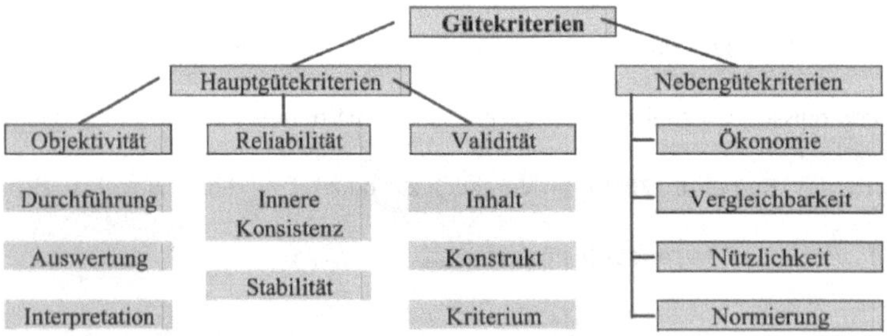

Abbildung 4: Haupt- und Nebengütekriterien (Raithel, 2008)

Trotz dieser Gütekriterien ist eine exakte und fehlerfreie Erhebung von Messwerten praktisch kaum zu erreichen. Messfehler sind daher im Verlauf eines Forschungsprozesses als normal anzusehen (Schnell et al., 2005). Teil der quantitativen Forschung ist die quantitativ empirische Sozialforschung. Diese möchte Phänomene in Form von Modellen, Zusammenhängen und zahlenmäßigen Ausprägungen auf möglichst objektive Weise beschreiben, Gesetzmäßigkeiten und Zusammenhänge entdecken und überprüfbar machen (Hug et al., 2010). Eine Methode der quantitativ empirischen Sozialforschung ist die quantitative Befragung.

5.1.2 Forschungsdesign

Die Befragung gilt als das Standardinstrument der empirischen Sozialforschung. Eine Befragung kann entweder mündlich in Form eines Interviews oder schriftlich mit Hilfe eines Fragebogens durchgeführt werden. Sie wird eingesetzt um Fakten, Wissen, Meinungen, Einstellungen und Bewertungen zu ermitteln (Raithel, 2008; Schnell, 2005). Die wissenschaftliche Befragung hat nur sehr wenig mit der alltäglichen Kommunikation zu tun. Eine wissenschaftliche Befragung wird theoriegeleitet, systematisch vorbereitet und ist zielgerichtet (Raithel, 2008). Die Methode der schriftlichen Befragung in Form eines Fragebogens wurde in dieser Studie ausgewählt, weil Daten über die Einstellungen und das Verhalten von Personen generiert werden sollten (Raithel, 2008). Zusätzlich erleichtert die Fragebogenmethode das Erreichen von größeren Fallzahlen. Diese sind, wie bereits erwähnt, charakteristisch für die quantitative Forschung (Hug et al., 2010). Für die vorliegende Studie wurden einzelne Fragen aus „Skalen zur Erfassung von „Ernährungs- und Gesundheitseinstellungen" von Prof. Dr. Jörg Diehl verwendet (siehe Anhang 6). Jeweils sechs Fragen aus Punkt 10 „Einstellungen zur Wirksamkeit gesunder Ernährung" und aus Punkt 12 „Praktizierung gesunder Ernährung" wurden zu einem Fragebogen mit insgesamt 12 Items zusammengefügt. Die Items sind als geschlossene Fragen mit vorgegebenen

Antwortkategorien konstruiert. Im Gegensatz zu offenen Fragen haben geschlossene Fragen den Vorteil der besseren Vergleichbarkeit der Antworten, einer höheren Durchführungs- und Auswertungsobjektivität sowie einem geringeren Aufwand bei der Auswertung (Raithel, 2008). Kritisch anzumerken ist allerdings, dass man mit geschlossenen Fragen nur Informationen aus den vorgegebenen Kategorien erhält. Es besteht die Gefahr, dass auf diese Weise wichtige Informationen in Bezug auf die Forschungsfrage, verloren gehen (Raithel, 2008). Als Antwortkategorien sind Ratingskalen vorgegeben. Die Testpersonen können sich bei jeder Aussage zwischen den Antwortmöglichkeiten „trifft gar nicht zu", „trifft wenig zu", „trifft ziemlich zu" und „trifft sehr zu" entscheiden. Die Items sind ausschließlich für Einzelnennung konzipiert. Für die Auswertung werden die Antwortmöglichkeiten mit den Ziffern 0-3 codiert. 0 steht dabei jeweils für eine negative Einstellung zur Wirksamkeit von Ernährung bzw. einer Nicht-Praktizierung gesunder Ernährungsverhaltensweisen. Die 3 steht dagegen für eine positive Einstellung zur Wirksamkeit gesunder Ernährung bzw. der Praktizierung von gesunden Ernährungsverhaltensweisen. Es wird vorausgesetzt, dass die Abstände der aufeinanderfolgenden numerischen Werte gleich groß sind. Infolgedessen kann man hier von einer Intervallskala sprechen. Dieses Vorgehen lässt durch die von Likert entwickelte „Methode der summierten Ratings" begründen (Raithel 2008, Bortz, 2005). *Abbildung 5* zeigt das Fragebogendesign nochmals grafisch.

Bitte schätzen Sie ein, in wieweit die folgenden Aussagen für Sie oder auf Sie zutreffen.	trifft gar nicht zu	trifft wenig zu	trifft ziemlich zu	trifft sehr zu
	1	2	3	4
1. Es ist sicher, dass man länger lebt, wenn man sich gesund ernährt.	❐	❐	❐	❐
2. Wirkliches Wohlbefinden erreicht man nur, wenn man sich vernünftig ernährt.	❐	❐	❐	❐
3. Eine vernünftige Ernährungsweise wirkt sich bei jeder Person positiv auf ihren Gesundheitszustand aus.	❐	❐	❐	❐

Abbildung 5: Fragebogen (Anhang 6)

Der Einsatz des Fragebogens als Messinstrument birgt aber auch Probleme und Risiken. So können bestimmte Antworttendenzen Einfluss auf die Antworten der Befragten haben. Ein Beispiel dafür ist die soziale Erwünschtheit als Antworttendenz. Dabei vermutet die befragte Person, was vom Interviewer oder der Gemeinschaft als positiv oder angebracht angesehen wird und bemüht sich dann im sozial erwünschten Sinn zu antworten (Raithel, 2008; Mummendey & Grau, 2008). Einer weiteren Antworttendenz, der Tendenz zur Mittelkategorie wurde durch die Wahl einer Viererskala vorgebeugt. Allerdings zwingt die Viererskala den Befragten zu einer Positionierung. Dies kann dazu führen, dass kein realistisches Abbild wiedergegeben werden kann (Raithel, 2008; Mummendey & Grau, 2008).

5.1.3 Weitere Testinstrumente

5.1.3.1 Persönliche Daten

Die Fragen zu den persönlichen Daten der Studienteilnehmer wurden aus „Befragung der Bevölkerung 50+ der Marktgemeinde Wendelstein über Wünsche, Bedürfnisse und konkrete Planungen für das eigene Alter" von Rupprecht et al. (2012) übernommen. Die Probanden wurden nach Alter, Geschlecht, Schulbildung, Familienstand, Kindern, subjektiven Gesundheitszustand, Pflegeleistungen und der subjektiven Lebenserwartung gefragt. Bei der Frage zur Einschätzung der subjektiven restlichen Lebenszeit, wurden die Teilnehmer/-innen gebeten, auf einem Pfeil anzukreuzen, wo in etwa sie sich in ihrem Leben befinden. Zum besseren Verständnis zeigt *Abbildung 6* dieses Item aus dem Fragebogen.

1. **Was denken Sie, an welchem Punkt in ihrem Leben befinden Sie sich? Stellen Sie sich bitte vor, dass Lebensanfang und -ende durch einen Lebensstrahl verbunden sind. An welchem Punkt dieses Strahls denken Sie, befinden Sie sich heute?** *(Bitte markieren Sie den entsprechenden Punkt auf dem Strahl zwischen Geburt und Lebensende mit einem Kreuz)*

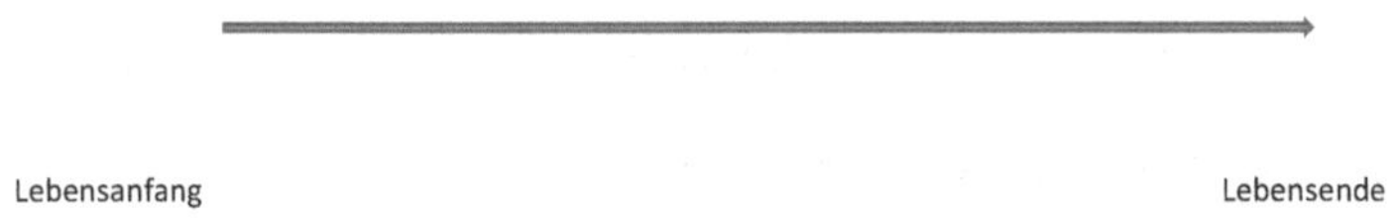

Abbildung 6: Restliche subjektive Lebenszeit (Rupprecht et al., 2012)

Im Originalfragebogen beträgt die Länge des Pfeils exakt 10 Zentimeter bzw. 100 Millimeter. Für die Auswertung der Daten wird gemessen, an welcher Stelle des Pfeils die Befragten ihre Markierung gesetzt haben. Je niedriger der Wert desto höher die Einschätzung der subjektiven restlichen Lebenszeit. Zur Vereinfachung wurde die subjektive restliche Lebenszeit in SPSS als „SubjektiveLebenszeit" bezeichnet. Für die Interpretation der Werte hier ein Beispiel. Setzt eine Person seine Markierung beispielsweise bei 80 Millimetern, so schätzt diese Person, dass sie bereits 80% der eigenen Lebenszeit gelebt hat. 20 % der Lebenszeit liegen demnach noch vor der Person.

5.1.3.2 Mini Nutritional Assessment

Das Mini Nutritional Assessment (MNA) wurde speziell für ältere Menschen entwickelt und validiert. Das Screening erlaubt die Einschätzung des Ernährungsrisikos und berücksichtigt alterstypische Risikofaktoren für die Entstehung von Mangelernährung (Pirlich & Norman, 2011). Denn wie bereits ausführlich beschrieben, kommen im Alter viele Faktoren zusammen, die zum Entstehen einer Fehl- bzw. Mangelernährung beitragen. Das MNA gliedert sich in zwei unterschiedliche Teile. Die Voranamnese umfasst 6 Fragen. Die umfassende Anamnese besteht aus 12 Fragen. Erzielt eine Person in der Voranamnese weniger als 12 Punkte, wird die umfassende Anamnese durchgeführt. Im MNA sind maximal 30 Punkte zu erreichen. Die Summe der erzielten Punkte erlaubt eine Einteilung in folgende Kategorien. 24 oder mehr Punkte weisen auf einen normalen bzw. zufriedenstellenden Ernährungszustand hin. 23,5 bis 17 Punkte deuten auf ein Risiko für Mangelernährung hin. Alle Punktwerte schlechter als 17 Punkte verweisen auf einen schlechten Ernährungszustand oder bestehende Mangelernährung (Pirlich & Norman, 2011). Die 18 Fragen bzw. Messungen des MNA unterteilen sich in verschiedene Schwerpunkte. Im Bereich Allgemeinzustand wird in sechs Fragen unter anderen nach Appetit, Mobilität, akuten Krankheiten, psychischer Konstitution und Wohnsituation gefragt. Die Selbsteinschätzung des Gesundheitszustandes wird in zwei Fragen ermittelt. Sechs Fragen werden zu den Ernährungsgewohnheiten gestellt. Dabei geht es um Mahlzeitenanzahl, Lebensmittelauswahl und Trinkmenge. Zusätzlich wird durch Fragen zu BMI und Gewichtsverlust sowie Messungen von Arm und Wadenumfang die Anthropometrie des Patienten ermittelt. Das Assessment dauert insgesamt circa zehn

Minuten, wobei drei Minuten auf das Vorscreening entfallen (Pirlich & Norman, 2011). Das MNA ist eine einfache und schnelle Methode, um ältere Patienten zu identifizieren, die ein Risiko für Mangelernährung haben oder die bereits mangelernährt sind (Volkert 2005). Ohne besondere Vorkenntnisse der durchführenden Person und ohne Laborwerte kann das MNA zu einer frühzeitigen Erkennung von gefährdeten oder bereits mangelernährten Personen beitragen (Volkert 2005; Pirlich & Norman, 2011). Ein weiterer Vorteil des MNA ist, dass eine Vielzahl von Faktoren der Ernährungssituation berücksichtigt wird. Es werden nicht nur Fragen zum Ernährungszustand sondern auch zu anderen Risikofaktoren und Ernährungsgewohnheiten gestellt (Volkert, 2005). Kritisch zu sehen ist die Vermischung der verschiedenen Bereiche im Gesamtscore. Der Gesamtscore zeigt zwar an, dass Interventionen nötig sind. Allerdings sind keine ursachenorientierten Interventionen möglich. Daher kann das MNA alleine keine handlungsleitende Begründung für eine individuelle Pflegeplanung oder Ernährungsintervention sein (Volkert, 2005; Pirlich & Norman, 2011). Bei dementen, geistig verwirrten oder nicht ansprechbaren Personen muss das Pflegepersonal Auskunft geben, was zur Verfälschung der Ergebnisse führen kann (Volkert, 2005; Tannen & Schütz, 2011). Durch den in dieser Studie angewandten Mini Mental Status Test lässt sich dieses Risiko zumindest einschränken. Das MNA wird in dieser Studie angewandt, um einen eventuellen Zusammenhang zwischen den Einstellungen zur Wirksamkeit von gesunder Ernährung und der Praktizierung von gesunder Ernährung und dem Ernährungszustand zu untersuchen.

5.1.3.3 Mini Mental Status Test

Der Mini Mental Status Test (MMST) ist ein neuropsychologisches Sreening-Imstrument zur Erfassung der kognitiven Leistungsfähigkeit von älteren Menschen. Entwickelt wurde der MMST von Folstein, Folstein und McHugh (1979). Der MMST setzt sich insgesamt aus 22

Fragen bzw. Aufgaben zusammen. Die Testdauer hängt zu einem Großteil von der Testperson ab. Nach Folstein et al. (1979) dauert der MMST fünf bis zehn Minuten. Die Testaufgaben sollten von kognitiv unbeeinträchtigten Personen normalerweise ohne Schwierigkeiten und von kognitiv beeinträchtigten Personen mit Demenzverdacht nur zum Teil gelöst werden können. Der Test untersucht verschiedene Bereiche der kognitiven Leistungsfähigkeit. Die Fragen eins bis zehn beziehen sich auf die zeitliche und räumliche Orientierungsfähigkeit. Die Testperson wird beispielsweise nach der Jahreszeit zum Testzeitpunkt oder dem Ort an dem sie oder er sich gerade befindet, gefragt. Anschließend wird die Merkfähigkeit der Testperson untersucht, indem drei genannte Wörter unmittelbar reproduziert und in einer späteren Aufgabe nochmals verzögert abgerufen werden sollen. Denk- bzw. Rechenfähigkeit werden mit Hilfe einer einfachen Reihensubtraktionsaufgabe oder durch das Rückwärtsbuchstabieren eines kurzen Wortes wie Stuhl oder Preis, untersucht. Um die Sprachfähigkeit zu überprüfen, müssen die Testpersonen einfache Alltagsgegenstände benennen. Die Lese- und Umsetzungsfähigkeit wird durch das Vorlesen und Befolgen einer kurzen Anweisung abgefragt. Gedächtnis und ausführende Fähigkeiten werden mit Hilfe einer kleinen praktischen Aufgabe überprüft. Um die Schreibfähigkeit zu überprüfen, wird die Testperson aufgefordert einen vollständigen Satz auf ein Blatt Papier zu schreiben. Zuletzt werden die visio-konstruktiven Fähigkeiten durch das Abzeichnen einer geometrischen Figur getestet. Insgesamt können im MMST bei 22 Fragen und Aufgaben 30 Punkte erzielt werden. Für die Auswertung werden die erreichten Punkte addiert. Personen mit Punktwerten zwischen 30 und 27 gelten als kognitiv unauffällig. Punktwerte zwischen 26 und 20 Punkten weisen auf eine leichte Alzheimer-Demenz hin. Zwischen 19 und 10 Punkten wird eine mittelschwere Alzheimer Demenz vermutet. Alle Punktwerte unter 10 deuten auf eine schwere Alzheimer-Demenz hin. Nach Folstein et al. (1979) weist der Mini Mental Status Test eine hohe

Reliabilität und Validität auf. Allerdings berücksichtigt der MMST weder Alter noch Bildungsgrad, was leicht zu falschen negativen Diagnosen führen kann (Jahn, 2004). In Zusammenhang mit dieser Arbeit erscheint der MMST als sehr geeignet. Der Test kann schnell und mit geringen Materialaufwand durchgeführt und ausgewertet werden. Mit Hilfe des MMST soll sichergestellt werden, dass ältere kognitiv beeinträchtigte Menschen von der Studie ausgeschlossen werden. Kognitiv beeinträchtigte Menschen könnten mit dem Fragebogen überfordert sein, was wiederum die Ergebnisse der Studie verfälschen würde. Daher werden alle Befragten, die im MMST weniger als 27 Punkte erzielen, von der Studie ausgeschlossen.

5.1.4 Datenerhebung

Die Daten wurden in zwei Einrichtungen des Betreuten Wohnens in Nürnberg im Zeitraum zwischen dem 21.03.2016 und dem 04.05.2016 erhoben. Zum einen im Betreuten-Wohnen Rehhof. Träger dieser Einrichtung ist die Christliche Arbeitsgemeinschaft e.V., kurz CAG. Das Betreute-Wohnen Rehhof, verfügt über 62 Wohnungen in unterschiedlicher Größe und liegt im Norden von Nürnberg. Der zweite Teil der Daten wurde im Wohnstift Vitalis erhoben. Das Wohnstift Vitalis liegt im Stadtteil Muggenhof und verfügt über 135 Apartments. Die Auswahl von Einrichtungen des Betreuten Wohnens als Erhebungsort bietet Vorteile gegenüber einer Erhebung im häuslichen Umfeld. In beiden Einrichtungen leben ausschließlich ältere Menschen, was den Zugang zu potenziellen Testpersonen erheblich erleichtert. Zusätzlich konnten die Befragungen in Kooperation mit den Leiter/-innen der Einrichtungen so koordiniert werden, dass die älteren Menschen zu festen Terminen zur Befragung erschienen. Ein weiteres wichtiges Kriterium, welcher für das Betreute Wohnen als Erhebungsort spricht, sind die Lebensumstände. Da die älteren Menschen alleine oder mit ihrem Partner in einem

Apartment oder einer Wohnung leben, kann man auf einen gewissen Grad von Selbstständigkeit und Mobilität schließen (Schneekloth & Wahl, 2008). Im Hinblick auf die Fragestellung erscheint dieser Punkt durchaus bedeutsam. Im Vergleich zu älteren Menschen in Pflegeheimen haben Menschen, die im Betreuten Wohnen leben, im Regelfall mehr Entscheidungsmöglichkeiten auch beim Thema Ernährung. Während in Pflegeheimen normalerweise Speisepläne die Ernährung der Bewohner vorgeben, haben ältere Menschen im BetreutenWohnen die Wahl, ob sie selbst kochen oder das Essensangebot ihrer Einrichtung beziehungsweise Essen-auf-Rädern in Anspruch nehmen. Es bleibt also festzuhalten, dass ältere Menschen, die sich gesund ernähren möchten, im Betreuten-Wohnen eher die „Chance" haben, dieses Vorhaben auch umzusetzen. Bei der Erhebung der Daten wurden die älteren Menschen gebeten, den bereits beschriebenen Fragebogen auszufüllen. Im Anschluss an den Fragebogen wurden ein Mini Mental Status Test und ein Mini Nutritional Assessment durchgeführt. Pro Teilnehmer/-in dauerte die Durchführung zwischen 20 und 30 Minuten. Über den kompletten Zeitraum der Erhebung war es für die Teilnehmer/-innen möglich, bei Unklarheiten Rückfragen zu stellen. Auf diese Weise konnte die Anzahl von fehlenden Daten sehr gering gehalten werden (Raithel, 2008). Darüber hinaus bestand die Möglichkeit, die Teilnehmer/-innen in der Befragungssituation zu kontrollieren. So konnten beispielsweise keine anderen Personen Einfluss auf die Antworten der Befragten nehmen (Raithel, 2008).

5.2 Beschreibung der Stichprobe

Die Stichprobe setzt sich aus insgesamt 33 Personen zusammen. 18 Studienteilnehmer/-innen sind im Betreuten Wohnen Rehhof wohnhaft. 15 Personen leben im Wohnstift Vitalis. Die Teilnehmer der Studie wurden nach vorheriger Absprache vom Personal der Einrichtungen ausgewählt. Dabei wurden in erster Linie ältere Menschen ausgewählt, die leicht zugänglich und nicht durch eine Krankheit oder Behinderung eingeschränkt waren. Da die Auswahlwahrscheinlichkeit für die Elemente der Stichprobe unbekannt war und Personen ausgewählt wurden, die zum Zeitpunkt der Durchführung der Befragung gerade zur Verfügung standen, spricht man hier von einer Ad-hoc- oder Gelegenheitsstichprobe (Bortz, 2005). Von den 33 befragten Personen wurden die Fragebögen von 2 Personen von der Stichprobe ausgeschlossen. Grund hierfür war ihr Abschneiden im Mini Mental Status Test. Sie erreichten weniger als die zur Teilnahme vorausgesetzten 27 Punkte. Folglich setzt sich das Sample aus insgesamt 31 Personen zusammen. Die geplante Stichprobengröße von circa 30 Personen konnte somit erreicht werden. Die Stichprobe umfasst 84 Prozent weibliche Teilnehmerinnen und 16 Prozent männliche Teilnehmer. Das Durchschnittsalter der 31 Studienteilnehmer beträgt 82,2 Jahre (SD 5,8). Dabei sind die weiblichen Teilnehmerinnen mit durchschnittlich 82,0 Jahren nur unwesentlich jünger als die männlichen Teilnehmer mit durchschnittlich 83,2 Jahren. Knapp 65 Prozent der Stichprobe sind 80 Jahre oder älter. Das Minimum für die Variable Alter beträgt 71 Jahre. Das Maximum liegt bei 91 Jahren. In der Grafik *Tabelle 1* ist die Verteilung der Variable Alter dargestellt.

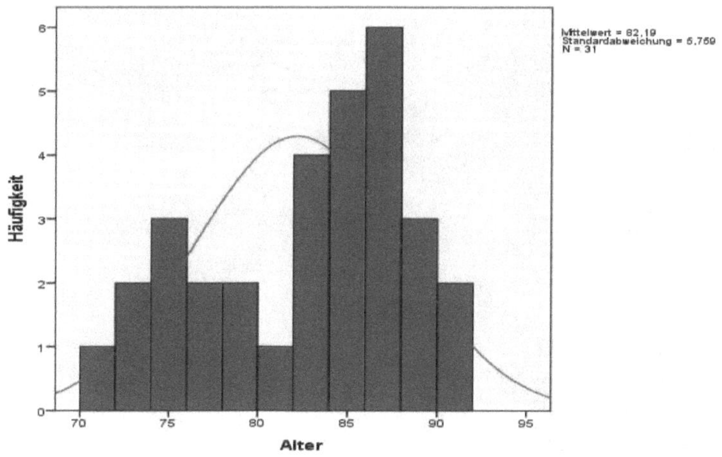

Tabelle 1: Alter (Eigene Berechnungen SPSS)

Der Bildungsstand der Teilnehmer/-innen entspricht weitestgehend den Zahlen, die 2014 vom Statistischen Bundesamt veröffentlicht wurden (Statistisches Bundesamt, 2014; 2016). Danach haben 55 Prozent der Studienteilnehmer/-innen die Haupt- bzw. Volksschule abgeschlossen. 23 Prozent gaben an, die Mittlere Reife erreicht zu haben. Vier der befragten Personen und damit 13 Prozent der Stichprobe schlossen ihre Schullaufbahn mit dem Abitur oder Fachabitur ab. Zwei Personen studierten und lediglich eine Person gab an, keinen Schulabschluss zu haben. *Abbildung 7* zeigt den Bildungsstand der Studienteilnehmer grafisch.

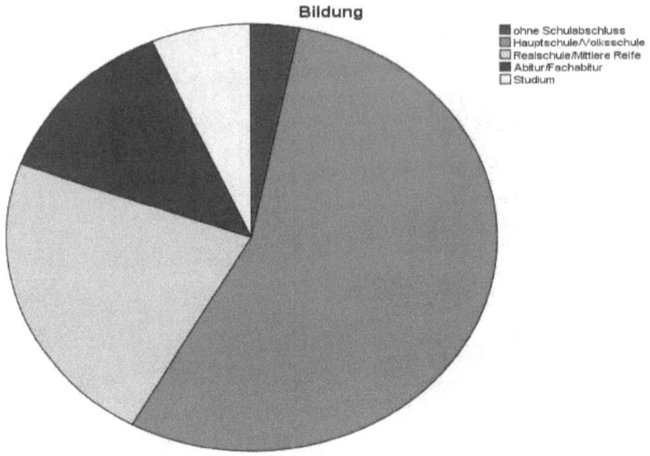

Abbildung 7: Bildungsstand (Eigene Berechnungen SPSS)

Bei einer Frage zum Familienstand berichteten 65 Prozent der Befragten, dass sie verwitwet seien. 32 Prozent sind verheiratet. Eine Person gab an, geschieden zu sein. Beim Thema Kinder geben 87 Prozent der Studienteilnehmer/-innen an, mindestens ein Kind zu haben. Leidglich 13 Prozent der Befragten berichteten, keine Kinder zu haben. Eine Frage nach dem subjektiven Gesundheitszustand wurde mit Hilfe einer fünfstufigen Skala gemessen. 65 Prozent schätzten ihren Gesundheitszustand als „Gut" und immerhin 13 Prozent als „Sehr gut" ein. Keiner der Befragten bezeichnete seine Gesundheit als „Ausgezeichnet". 22 Prozent der Stichprobe beurteilten ihre Gesundheit als „Weniger gut" oder „Schlecht". In *Tabelle 2* sind die Daten in einem Balkendiagramm dargestellt. Die altersbezogenen Tendenzen sind mit den Daten von Rupprecht et al vergleichbar (Rupprecht et al., 2012).

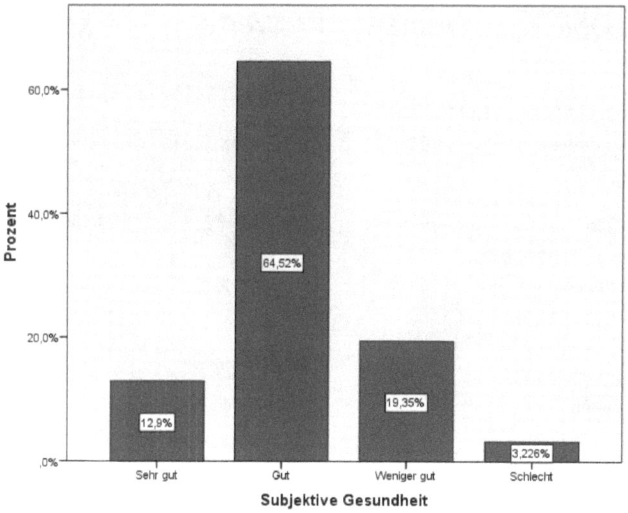

Tabelle 2: Subjektive Gesundheit (Eigene Berechnungen SPSS)

Keine der Personen aus der Stichprobe erhielt Leistungen aus der Pflegeversicherung. Lediglich eine Person zeigte beim Mini Nutritional Assessment ein Risiko für Mangelernährung. Die Ergebnisse aller anderen Probanden ließen auf einen normalen Ernährungszustand schließen.

5.3 Datenaufbereitung

Für die Analyse der Daten wurden die Fragebögen entsprechend vorbereitet. Um die erhobenen Daten auswerten zu können, wurde zunächst ein sogenannter Codeplan erstellt. Der Codeplan ordnet den jeweiligen Fragen des Fragebogens Variablennamen zu. So entsteht eine Liste mit allen erhobenen Variablen bzw. Items und den dazugehörigen Ausprägungen. Dabei wird jeder Variable und Merkmalsausprägung ein spezieller Code zugeordnet (Raithel, 2008; Schnell et al., 2005). *Abbildung 8* zeigt einen Auszug des erstellten Codeplans.

Frage Nr.	*Variable*	*Name*	*Werte*	*Kode*
	Nummer des Fragebogens	V01	1-31	siehe Werte
1	Alter	V02	00-99	siehe Werte
2	Geschlecht	V03	Männlich	1
			Weiblich	2
			Keine Angabe	999
3	Bildung	V04	Ohne Schulabschluss	1
			Hauptschule/Volksschule	2
			Realschule/Mittl. Reife	3
			Abitur/Fachabitur	4
			Studium	5
			Andere	6
			Keine Angabe	999
4	Familienstand	V05	Ledig	1
			Verheiratet	2
			Geschieden	3
			Verwitwet	4
			Keine Angabe	999
5	Kinder	V06	Keine Kinder	1
			1 Kind	2
			2 Kinder	3
			3 Kinder	4
			Mehr als 3 Kinder	5
			Keine Angabe	999

Abbildung 8: Codeplan (Anhang 2)

Auf Grundlage des Codeplans wurden die Daten anschließend in eine Tabelle übertragen. Die entstandene Datenmatrix ist die Voraussetzung für die in dieser Arbeit angewandten statistischen Verfahren (Raithel, 2008). Nach Eingabe der Daten wurden diese einer

Plausibilitätsprüfung unterzogen. Die Auswertung der Daten erfolgte mit Hilfe des Statistik-Programms SPSS. SPSS ist eine Statistik- und Analysesoftware, welche den Anwender bei der Analyse von Daten unterstützt (Leonhart, 2010). Mit Hilfe des Programms wurden einzelne Variablen umkodiert und neue Variablen berechnet. Die Variable Alter wurde in die Variable „AlterGruppiert" umkodiert. Dabei wurden die Teilnehmer/-innen in drei gleich große Altersgruppen unterteilt und zwar in die Gruppe der 71-79 Jährigen, der 80-85 Jährigen und der 86-91 Jährigen. Aus den 12 Variablen des Fragebogens nach Diehl (Anhang 6) wurden ebenfalls neue Variablen berechnet. Die beiden Variablen „WirksamkeitErnährung" und „PraktizierungErnährung" wurden jeweils aus den Durchschnittswerten der sechs Fragen zur Wirksamkeit von gesunder Ernährung sowie der sechs Fragen zur Praktizierung von gesunder Ernährung gebildet.

6 Ergebnisse

6.1 Reliabilitätsanalyse

Die Reliabilitätsanalyse prüft, welche Items eines Messinstruments oder Tests sich als brauchbar oder unbrauchbar erweisen. Es geht im Falle dieser Studie also um die Frage, ob der Fragebogen zuverlässig und genau ist (Schnell et al., 2005). Für die Analyse der Reliabilität wird „Cronbachs Alpha-Koeffizient" oder kurz Alpha verwendet. Alpha entspricht dem Mittelwert aller möglichen „split-half"-Koeffizienten und kann aus den Korrelationen aller Items untereinander berechnet werden. Alpha kann Werte zwischen Null und Eins annehmen. Alphawerte über 0,8 können dabei als akzeptabel betrachtet werden (Raithel, 2008; Schnell et al., 2005). Da die 12 Items des Fragebogens in zwei Kategorien unterteilt sind, müssen die beiden Kategorien getrennt voneinander betrachtet werden. Für die sechs Fragen aus der Kategorie „WirksamkeitErnährung" errechnet SPSS einen Alpha-Wert von 0,827. Für die sechs Fragen der Kategorie „PraktizierungErnährung" ergibt sich ein Alpha-Wert von 0,873. Da die Werte über 0,8 liegen, können die Items als akzeptabel und damit ausreichend valide betrachtet werden.

6.2 Univariate Befunde

Im Folgenden wird die Verteilung der Werte mit Hilfe von Häufigkeitsverteilungen, Mittelwerten, Streuungs- und Schiefemaßen sowie grafischen Darstellungen beschrieben. Mit Hilfe von SPSS wird das „arithmetische Mittel" bzw. der Durchschnitt gebildet. Das „arithmetische Mittel", bei SPSS der Mittelwert genannt, teilt die Datenmenge wertemäßig in zwei gleiche Hälften. Zusätzlich wird die Standardabweichung angegeben. Diese drückt aus, wie weit die Merkmalswerte durchschnittlich vom eigenen arithmetischen Mittel abweichen

(Raithel, 2008). Für die Variable „WirksamkeitErnährung“ ergibt sich ein Mittelwert von M = 2,1 und eine Standardabweichung von SD = 0,6. Es fällt auf, dass der Mittelwert der männlichen Teilnehmer mit M = 2,3 (SD = 0,2), etwas positiver ist als der Mittelwert der Frauen M = 2,1 (SD = 0,7). Außerdem lassen die Mittelwerte auf eine eher positive Einstellung der Grundgesamtheit bezüglich der Wirksamkeit von gesunder Ernährung schließen. In *Tabelle 3* sind die Häufigkeiten der Variable „WirksamkeitErnährung“ grafisch dargestellt.

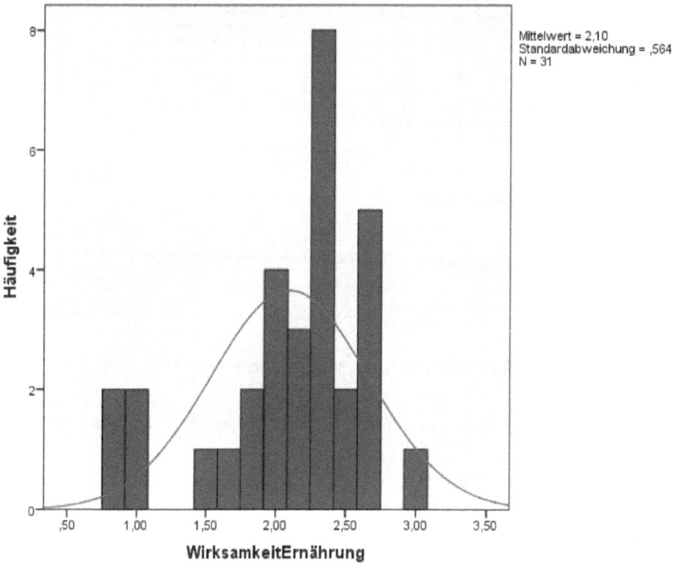

Tabelle 3: Wirksamkeit Ernährung ((Eigene Berechnungen SPSS)

Für die Variable „PraktizierungErnährung“ fallen die Werte etwas niedriger aus. Hier liegt der Mittelwert bei M = 1,9 und die Standardabweichung bei SD = 0,7. In *Tabelle 4* sind die Häufigkeiten dieser Variable nochmals grafisch zu sehen. Zu erwähnen ist noch, dass die Mittelwerte für die Variablen „PraktizierungErnährung“ und „WirksamkeitErnährung“ von männlichen und weiblichen Teilnehmer/-innen nahezu identisch sind.

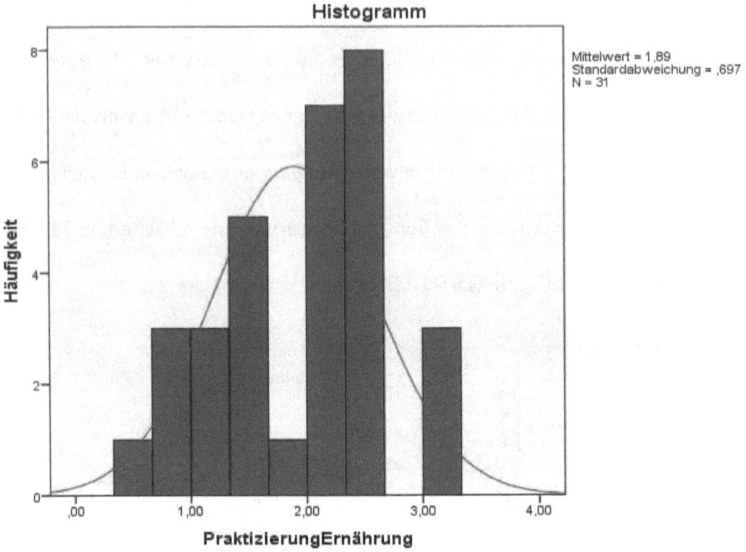

Tabelle 4: Praktizierung Ernährung (Eigene Berechnungen SPSS)

Die Datenerhebung fand, wie bereits erwähnt, an zwei verschiedenen Orten statt. Daher stellt sich die Frage, ob der Erhebungsort Auswirkungen auf die Ergebnisse des Fragebogens haben könnte. Im Betreuten Wohnen Rehhof liegt der Mittelwert für die Variable „WirksamkeitErnährung" bei M = 1,9 (SD = 0,6). Für die Variable „PraktizierungErnährung" ergibt sich ebenfalls ein Mittelwert von M = 1,9 (SD = 0,8). Im Wohnstift Vitalis errechnete sich für die Variable „WirksamkeitErnährung" ein Mittelwert von M = 2,3 (SD = 0,5). Für die Variable „PraktizierungErnährung" ein Mittelwert von M = 1,9 (SD = 0,7). Es fällt auf, dass die befragten Personen im Wohnstift Vitalis eine positivere Einstellung zur Wirksamkeit von gesunder Ernährung haben als die Studienteilnehmer im Betreuten Wohnen Rehhof. In *Tabelle 5* sind die Werte nochmal übersichtlich dargestellt.

Bericht

Erhebungsort		Wirksamkeit Ernährung	Praktizierung Ernährung
Vitalis	Mittelwert	2,2667	1,9222
	H	15	15
	Standardabweichung	,49921	,64816
Rehhof	Mittelwert	1,9375	1,8646
	H	16	16
	Standardabweichung	,58965	,76065
Gesamtsumme	Mittelwert	2,0968	1,8925
	H	31	31
	Standardabweichung	,56400	,69728

Tabelle 5: Vergleich der Erhebungsorte (Eigene Berechnungen SPSS)

Bei einer Frage zur Einschätzung der subjektiven restlichen Lebenszeit wurden die Teilnehmer/-innen gebeten, auf einem Pfeil anzukreuzen, wo in etwa sie sich in ihrem Leben befinden. Der Mittelwert zur Einschätzung der subjektiven restlichen Lebenszeit beträgt 82,0. (SD 7,0). Das Minimum liegt bei 65,0, das Maximum bei 91,0. *Tabelle 6* zeigt die Häufigkeiten nochmals grafisch.

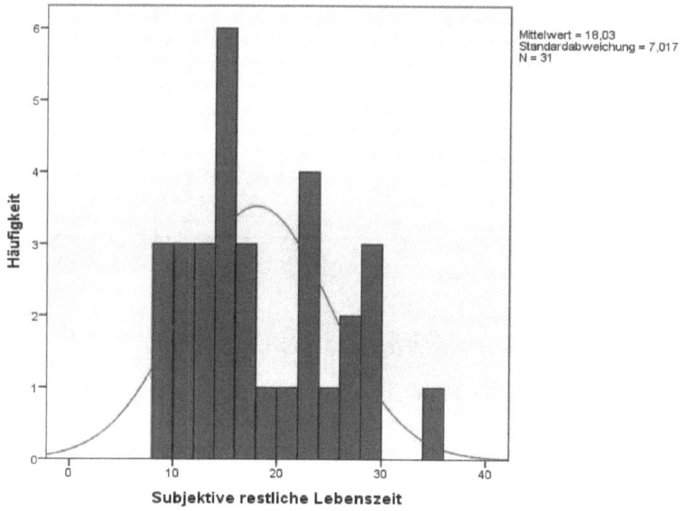

Tabelle 6: Subjektive restliche Lebenszeit (Eigene Berechnungen SPSS)

6.3 Bivariate Befunde

In diesem Kapitel liegt der Fokus auf statistischen Zusammenhängen. Zu Beginn soll geprüft werden, ob ein signifikanter Zusammenhang zwischen dem Alter und der Einschätzung der restlichen subjektiven Lebenszeit der Studienteilnehmer/-innen besteht. Zu erwarten wäre, dass mit steigenden Alter die subjektive Einschätzung der restlichen Lebenszeit absinkt. Je höher also das Alter, desto höher wird der Wert für die Variable „SubjektiveLebenszeit" vermutet. *Tabelle 7* visualisiert den Zusammenhang zwischen den Variablen „Alter" und „SubjektiveLebenszeit" in einem Streu-/Punktdiagramm.

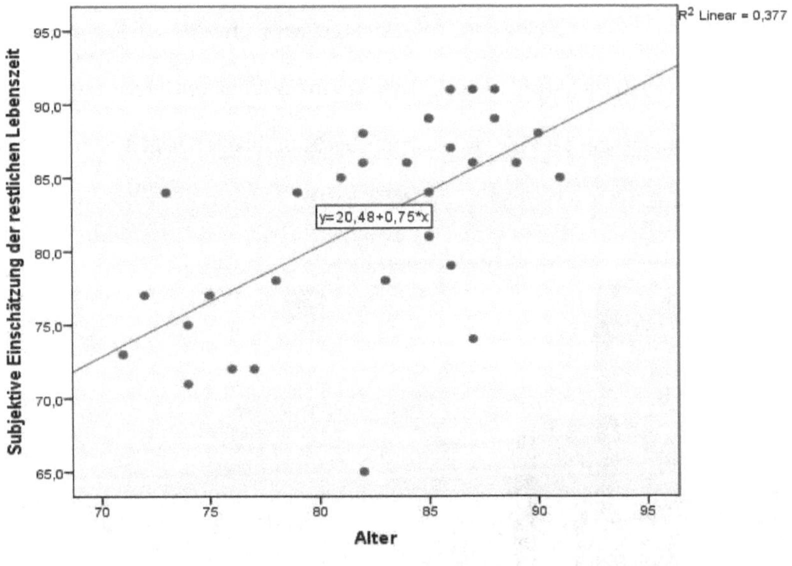

Tabelle 7: Korrelation Alter und SubjektiveLebenszeit (Eigene Berechnungen SPSS)

Die Grafik zeigt eine mittlere positive Korrelation zwischen den Variablen „Alter" und „SubjektiveLebenszeit". Der Wert des Korrelationskoeffizienten beträgt r = 0,61. Der Determinationskoeffizient liegt damit bei $R^2 = 0,38$ (Raithel, 2008). Dieser Wert besagt, dass 38 % der Streuung der Variablen „SubjektiveLebenszeit", über die Variation der Variablen

Alter erklärt werden. Diese Werte bedeuten, dass die Studienteilnehmer wie erwartet ihre subjektive restliche Lebenszeit mit steigenden Alter wahrscheinlicher als begrenzt einschätzen.

In Kapitel 6.2. wurden bereits die univariaten Befunde zu den Variablen „WirksamkeitErnährung" und „PraktizierungErnährung" beschrieben. An dieser Stelle sollen die beiden Variablen auf ihren statistischen Zusammenhang geprüft werden. Dazu werden die Variablen wie in *Tabelle 8* dargestellt, anhand eines Streudiagramms analysiert.

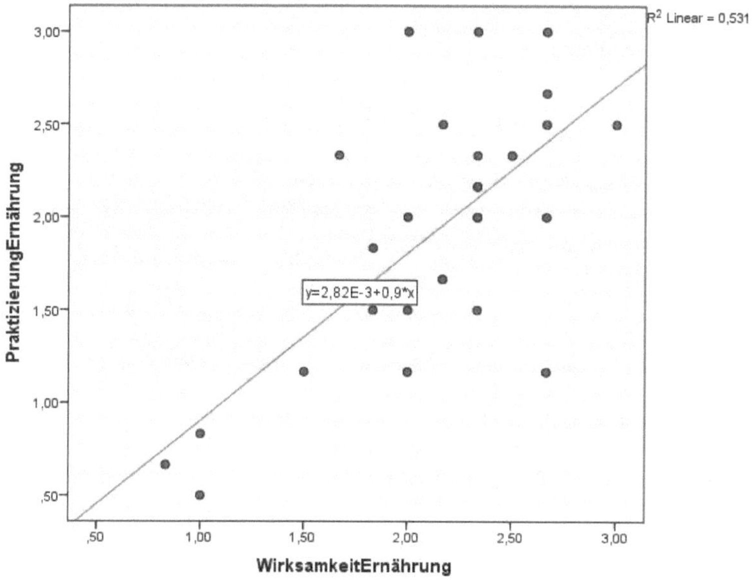

Tabelle 8: Korrelation WirksamkeitErnährung und PraktizierungErnährung (Eigene Berechnungen SPSS)

Das Streudiagramm zeigt eine hohe positive Korrelation zwischen den Variablen „WirksamkeitErnährung" und „PraktizierungErnährung". Der Wert von Pearsons Korrelationskoeffizient beträgt r = 0,73. Daraus lässt sich folgern, dass eine Person die gegenüber der Wirksamkeit von Ernährung eine eher positive Einstellung hat, wahrscheinlicher auch angibt, ein gesundes Ernährungsverhalten zu praktizieren.

6.4 Hypothesentestung

Im nächsten Schritt folgt die Hypothesentestung. Die Hypothesen lauteten wie folgt:

H1a: *Je höher das chronologische Alter, umso negativer sind die Einstellungen gegenüber der Wirksamkeit von gesunder Ernährung.*

H1b: *Je kürzer die subjektive Einschätzung der restlichen Lebenszeit, umso negativer sind die Einstellungen gegenüber der Wirksamkeit von gesunder Ernährung.*

H2a: *Mit steigenden chronologischen Alter praktizieren ältere Menschen ein weniger gesundes Ernährungsverhalten*

H2b: *Mit einer sinkenden subjektiven Einschätzung der restlichen Lebenszeit praktizieren ältere Menschen ein weniger gesundes Ernährungsverhalten.*

Um die Hypothesen zu überprüfen, erfolgt eine Zusammenhangsprüfung zwischen den Variablen „Alter", „SubjektiveLebenszeit", „WirksamkeitErnährung" und „PraktizierungErnährung". Die Ausgabetabelle in SPSS liefert neben dem Pearson-Korrelationskoeffizienten r auch die Irrtumswahrscheinlichkeit p und die Anzahl N der jeweiligen Wertepaare. *Tabelle 9* zeigt die Ausgabetabelle. Bei der Betrachtung der Tabelle fällt auf, dass die Korrelation zwischen der Einschätzung der restlichen Lebenszeit und den Einstellungen zur Wirksamkeit und Praktizierung gesunder Ernährung stärker ist als der Zusammenhang zwischen dem chronologischen Alter und den Einstellungen zur Wirksamkeit sowie der Praktizierung gesunder Ernährung. Allerdings lässt sich auch erkennen, dass es sich um keine signifikanten Zusammenhänge zwischen den Variablen handelt. Für die Hypothese H1a, ergibt sich kein signifikanter Zusammenhang aus den Variablen „Alter" und „WirksamkeitErnährung". Der Korrelationskoeffizient liegt bei $r = -0,16$ und bei einer Irrtumswahrscheinlichkeit von 39%. Der Wert $p = 0,39$ liegt weit über dem zulässigen

Signifikanzniveau. Für einen statistisch signifikanten Zusammenhang müsste $p \leq 0{,}05$ gelten (Raithel, 2008). Damit ist die Hypothese H1a abzulehnen. Auch für die Hypothese H1b ergibt sich aus den Variablen „SubjektiveLebenszeit" und „WirksamkeitErnährung" kein signifikanter Zusammenhang. Der Korrelationskoeffizient liegt bei $r = -0{,}23$. Mit einem Wert von $p = 0{,}21$ liegt die Irrtumswahrscheinlichkeit auch bei H1b deutlich über 5 %. Folglich ist auch Hypothese H1b abzulehnen. Die Hypothese H2a kann ebenfalls nicht angenommen werden. Pearsons Korrelationskoeffizient liegt bei $r = -0{,}14$, bei einer Irrtumswahrscheinlichkeit von $p = 0{,}44$. Es besteht damit kein signifikanter Zusammenhang zwischen den Variablen „Alter" und „PraktizierungErnährung". Die vierte Hypothese H2a vermutet einen Zusammenhang zwischen den Variablen „SubjektiveLebenszeit" und „PraktizierungErnährung". Auch diese Hypothese konnte statistisch nicht bewiesen werden. Für den Korrelationskoeffizienten errechnet sich ein Wert von $r = -0{,}21$. Mit einem Wert von $p = 0{,}27$ liegt die Irrtumswahrscheinlichkeit bei 27% und damit deutlich über den angestrebten Signifikanzniveau. Zusammenfassend lässt sich festhalten, dass nach Anwendung statistischer Analyseverfahren alle vier aufgestellten Hypothesen abgelehnt werden müssen. Die Interpretation dieser Ergebnisse erfolgt im Diskussionsteil dieser Arbeit.

Korrelationen

		Subjektive Gesundheit	Subjektive restliche Lebenszeit	Alter	Praktizierung Ernährung	Wirksamkeit Ernährung
Subjektive Gesundheit	Pearson-Korrelation	1	-,171	,028	,019	-,078
	Sig. (2-seitig)		,358	,882	,920	,676
	N	31	31	31	31	31
Subjektive restliche Lebenszeit	Pearson-Korrelation	-,171	1	-,614**	,206	,234
	Sig. (2-seitig)	,358		,000	,266	,206
	N	31	31	31	31	31
Alter	Pearson-Korrelation	,028	-,614**	1	-,143	-,160
	Sig. (2-seitig)	,882	,000		,444	,390
	N	31	31	31	31	31
PraktizierungErnährung	Pearson-Korrelation	,019	,206	-,143	1	,729**
	Sig. (2-seitig)	,920	,266	,444		,000
	N	31	31	31	31	31
WirksamkeitErnährung	Pearson-Korrelation	-,078	,234	-,160	,729**	1
	Sig. (2-seitig)	,676	,206	,390	,000	
	N	31	31	31	31	31

**. Korrelation ist bei Niveau 0,01 signifikant (zweiseitig).

Tabelle 9: Korrelation Alter, subjektive restliche Lebenszeit, Praktizierung Ernährung und Wirksamkeit Ernährung (Eigene Berechnungen SPSS)

6.5 Multivariate Befunde - Multiple Regressionsanalyse

Die Annahme, dass eine abhängige Untersuchungsvariable nur von einer anderen Variablen beeinflusst wird, entspricht einer äußerst vereinfachten Betrachtung der sozialen Wirklichkeit. Mit Hilfe einer multiplen Regressionsanalyse werden mehrere unabhängige Variablen in den Analyseprozess miteinbezogen. Auf diese Weise erfolgt eine Drittvariablenkontrolle (Raithel, 2008). Die multiple Regressionsanalyse erfolgt analog zur Hypothesentestung unter Einbezug der Variablen „Subjektive Gesundheit". Mit Hilfe von SPSS werden folgende Befunde erzeugt. Der multiple Determinationskoeffizient $r^2 = 0{,}046$ besagt, dass knapp 5% der Streuung der interessierenden Variablen „PraktizierungErnährung" durch die Variation der beiden Variablen „SubjektiveGesundheit" und „SubjektiveLebenszeit" statistisch, unter Benutzung der Hypothese des linearen Zusammenhangs zwischen den Variablen erklärt wird. Gegenüber dem bivariaten Determinationskoeffizienten von „PraktizierungErnährung" und „SubjektiveLebenszeit" $r^2 = 0{,}042$ lässt sich ein sehr geringer Zuwachs an statistischer Erklärungskraft beobachten (Voss, 2000). Ein Blick auf die standardisierten B-Werte zeigt, dass die Einschätzung der subjektiven restlichen Lebenszeit (B-Wert = 0,216) die Praktizierung von gesunder Ernährung stärker beeinflusst, als die subjektive Gesundheit (B-Wert = 0,058). Ähnliche Ergebnisse ergeben sich, wenn „WirksamkeitErnährung" als abhängige Variable eingesetzt wird. Auch hier ergibt sich durch den Einbezug der Drittvariablen „SubjektiveGesundheit" nur ein äußerst geringer Zuwachs an statistischer Erklärungskraft. Setzt man anstatt „SubjektiveLebenszeit" die Variable „Alter" in das Modell ein, zeigen sich vergleichbare Ergebnisse. (Anhang 5)

7 Diskussion

Das letzte Kapitel beginnt mit der Beschreibung der grundlegenden Ergebnisse. Anschließend werden die Hypothesen unter Bezugnahme der Ergebnisse sowie der Literatur aus dem Theorieteil diskutiert. Danach erfolgen eine Schilderung der Schwächen der Arbeit sowie ein Ausblick. Zuletzt wird ein Fazit gezogen und eine kurze Zusammenfassung der Arbeit gegeben.

7.1 Grundlegende Ergebnisse

Im Rahmen dieser Arbeit sollte folgende Forschungsfrage untersucht werden:

Wenn gesunde Ernährung als ein „Investment" in die Zukunft gesehen werden kann, inwieweit verändern sich die Einstellungen zur Wirksamkeit von gesunder Ernährung sowie die Praktizierung von gesunder Ernährung bei älteren Menschen?

Die untersuchte Hypothese H1a konnte auf Grundlage der Daten nicht bestätigt werden. Es wurde untersucht, ob ein Zusammenhang zwischen dem chronologischen Alter und den Einstellungen zur Wirksamkeit von gesunder Ernährung besteht. Mit steigenden Alter werden die Einstellungen gegenüber der Wirksamkeit von gesunder Ernährung nicht statistisch signifikant negativer. Begründen lassen sich die Ergebnisse unter anderem durch die Ungeeignetheit des chronologischen Alters als erklärende Variable für Alterseffekte (Kolland & Wanka, 2014; Lehr & Puschner, 1968). Die Hypothese H1b konnte ebenso wie Hypothese H1a nicht bestätigt werden. Es wurde analysiert, ob eine geringere subjektive Einschätzung der restlichen Lebenszeit mit negativeren Einstellungen gegenüber der Wirksamkeit von gesunder Ernährung einhergeht. Nach Analyse der Daten zeigte sich, dass mit einer geringeren subjektiven Einschätzung der restlichen Lebenszeit keine statistisch signifikante

Verschlechterung der Einstellungen zur Wirksamkeit von gesunder Ernährung zusammenhing. Eine mögliche Erklärung für die Ergebnisse könnte in der relativ „positiven" Einschätzung der restlichen Lebenszeit liegen. Die Studienteilnehmer sind sich zwar bewusst, dass sie sich im letzten Drittel ihres Lebens befinden. Dennoch sehen sie ihre Zeit nicht als unmittelbar begrenzt an. Diese vorhandene „Zukunftsperspektive" könnte positiven Einfluss auf die Einstellungen zur Wirksamkeit von gesunder Ernährung haben. Auch Hypothese H2a, die Bezug auf das Ernährungsverhalten der Studienteilnehmer nimmt, kann auf Grundlage der erhobenen Daten nicht bestätigt werden. Eine Erklärung hierfür könnte die bereits bei Hypothese H1a erläuterte Ungeeignetheit des chronologischen Alters als erklärende Variable für Alterseffekte sein (Kolland & Wanka, 2014; Lehr & Puschner, 1968). Der von Zanjani und Kollegen (2006) beschriebene Effekt, dass sich das Ernährungsverhalten von sehr alten Menschen verschlechtert, gilt in erster Linie für Menschen mit kardiovaskulären Krankheiten sowie Menschen die an multiplen Krankheiten leiden. Hypothese H2b vermutete einen Zusammenhang zwischen einer geringeren subjektiven Einschätzung der restlichen Lebenszeit und einem damit verbunden weniger gesunden Ernährungsverhalten. Auch diese Hypothese muss auf Grundlage der erhobenen Daten abgelehnt werden. Wie bei Hypothese H1b könnte die positive Einschätzung der restlichen Lebenszeit einer der Gründe hierfür sein.

7.2 Diskussion der Hypothesentestung unter Bezugnahme der Literatur

In diesem Kapitel sollen die statistischen Ergebnisse unter der Bezugnahme der Literatur aus dem Theorieteil diskutiert werden. Wie im vorherigen Kapitel beschrieben, mussten alle vier Hypothesen abgelehnt werden. Es bleibt die Frage, ob das Paradigma des Delay of Gratification unter veränderten Voraussetzungen der Studie eine theoretische Erklärung für das Ernährungsverhalten bzw. den Ernährungseinstellungen älterer Menschen liefern hätte können. Wie bereits gehört, ist der zentrale Kern dieses Paradigmas der Verzicht auf eine verfügbare Belohnung über einen bestimmten Zeitraum hinweg (Gaar, 2009; Dorsch, 2013). Die Studienteilnehmer/-innen wurden aber weder zu ihren Vorlieben bezüglich Ernährung befragt noch wurde das tatsächliche Ernährungsverhalten, zum Beispiel anhand eines Tellerprotokolls, überprüft. So ist fraglich, ob gesunde Ernährung in diesem Fall überhaupt einen Verzicht darstellt, wenn sich eine Person ohnehin lieber gesund ernährt bzw. bereits ein gesundes Ernährungsverhalten praktiziert. Es ist also nicht festzustellen, ob steigendes Alter oder eine sinkende subjektive restliche Lebenszeit, Einfluss auf die Praktizierung von gesunder Ernährung oder den Einstellungen zur Wirksamkeit von gesunder Ernährung haben. Hinzu kommt, dass das Ernährungsverhalten ein sehr stabiles Verhalten ist, dass sich nur sehr schwer in kurzer Zeit verändern lässt (Pudel, 2003). In Bezug auf das Paradigma des DoG und Ernährung wäre es folglich sinnvoller, die Gruppe der älteren Menschen zu betrachten, die im hohen Alter aufgrund von Krankheit ihre Ernährung umstellen müssen bzw. sollten. Als Untersuchungsart wäre dabei eine sogenannte Längsschnittuntersuchung bzw. Longitudinalstudie zu empfehlen. Mit Hilfe dieser Untersuchungsart können individuelle Wandlungsprozesse überprüft werden (Bortz, 2005). So könnte man die Frage stellen, unter welchen Voraussetzungen ältere Menschen den mühevollen Prozess einer Ernährungsumstellung auf sich nehmen. Wie hoch müssten beispielsweise die „Erfolgschancen" einer Ernährungsumstellung sein, damit ältere Menschen ihre Gewohnheiten tatsächlich verändern.

Zu einem möglichen Zusammenhang zwischen der sozioemotionalen Selektivitätstheorie und dem Ernährungsverhalten bzw. den Einstellungen zu gesunder Ernährung bei älteren Menschen gibt es in der wissenschaftlichen Literatur bislang noch keine Studien. Mit dieser Arbeit sollte ein erster Schritt in diese Richtung unternommen werden. Die Ergebnisse lassen allerdings offen, ob die sozioemotionale Selektivitätstheorie eine Erklärung für das Ernährungsverhalten und den Ernährungseinstellungen von alten Menschen sein kann. Wie schon beschrieben, behauptet Carstensens Theorie, dass die Wahrnehmung von Zeit eine grundlegende Rolle bei der Auswahl und Verfolgung von Zielen und der Auswahl von sozialen Kontakten spielt (Carstensen et al., 1999). Menschen mit einer begrenzten Zukunftsperspektive priorisieren eher emotionale Ziele. Aufgrund der subjektiv limitierten Lebenszeit liegt der Fokus auf Sinnerfüllung in der nahen Zukunft (Carstensen et al., 1999; Rager et al., 2012). Die Studienteilnehmer/-innen wurden allerdings nicht gefragt, inwieweit Essen oder Ernährung für Sie mit Emotionen verbunden ist. Im Fall dieser Studie war also nicht bekannt, wie viele der Befragten ein emotionales oder ein eher gleichgültiges Verhältnis zu Essen und Ernährung hatten. Auch hier wäre es sinnvoll, eine Längsschnittstudie durchzuführen. Dies beinhaltet beispielsweise die Analyse, wie sich die Praktizierung von Ernährung und die Einstellungen zur Wirksamkeit von gesunder Ernährung bei älteren Menschen, über mehrere Jahre hinweg verändern und welche Rolle dabei die Emotionen bezüglich Ernährung bzw. Essen spielen. So ist zu vermuten, dass ältere Menschen, die ein eher emotionales Verhältnis zu Essen und Ernährung haben, bei einer sinkenden subjektiven Lebenszeit geringeren Wert auf gesunde Ernährung legen. Es lässt sich also festhalten, dass weder das Paradigma des Delay of Gratification noch die sozioemotionale Selektivitätstheorie unter den Voraussetzungen dieser Studie einen Zusammenhang zwischen Alter bzw. subjektiven Alter und Ernährungseinstellungen und -verhalten erklären können.

Wie bereits im Theorieteil beschrieben, schätzen ältere Menschen mit steigenden Alter ihre subjektive Gesundheit immer negativer ein (Wurm et al., 2009). Diese von Wurm et al (2009) beschriebenen Ergebnisse konnten in dieser Studie nicht bestätigt werden. Weder das chronologische noch das subjektive Alter hatten einen signifikanten Effekt auf die Einschätzung der eigenen Gesundheit.

7.3 Einschränkungen der Studie

Im folgenden Kapitel wird auf die Einschränkungen und Schwächen dieser Arbeit eingegangen. Die Fragebogenmethode ist mit einigen Nachteilen verbunden. Die Teilnehmer dieser Studie waren sich darüber bewusst, dass sie an einer wissenschaftlichen Untersuchung teilnehmen. Die Daten, die mithilfe des Fragebogens generiert wurden, waren somit von den Eigenschaften des Fragebogens sowie der Befragungssituation abhängig. Die Aussagekraft der gewonnen Daten könnte durch diese Faktoren eingeschränkt sein (Döring, 2016). Als weiterer Nachteil des Fragebogens als reaktives Messverfahren sind sogenannte Antwortverzerrungen zu nennen. Im Falle dieser Studie ist dabei besonders die soziale Erwünschtheit der Antworten als ein mögliches Problem zu nennen. Dabei wird die Antwort der Befragten durch die Überlegung beeinflusst, welche Antwort gesellschaftlich angemessen ist oder welche Antwort der Befrager gerne hören möchte (Raithel, 2008). Gesunde Ernährung gilt in der Gesellschaft als etwas Wichtiges, dass man praktizieren sollte (Diehl, 2000). Folglich scheint es wahrscheinlich, dass die Antworten dadurch tendenziell positiver ausfielen. Darüber hinaus gingen durch die vorgegebenen Antwortkategorien mögliche andere Informationen verloren. Der Fragebogen beschränkte sich auf wenige und klar umschriebene Befragungsinhalte (Döring, 2016). Eine weitere Einschränkung der Studie ist die Art der Stichprobe. In dieser Studie wurde eine Gelegenheitsstichprobe angewendet. Sie basiert auf einer willkürlichen Auswahl von Befragungspersonen (Döring, 2016). Es wird auf Personen zurückgegriffen, bei denen gerade eine günstige Gelegenheit besteht, sie ohne großen Aufwand zu untersuchen (Döring, 2016). Die Befragung wurde in zwei Einrichtungen des Betreuten Wohnens durchgeführt. Die Auswahl der teilnehmenden Personen wurde vom Personal der Einrichtungen übernommen. Daher kann in dieser Studie auch nicht von einer Zufallsstichprobe gesprochen werden, bei der ein „blindes" statistisches Zufallsverfahren angewendet wird. Vielmehr wurde bei der Durchführung dieser Studie auf eine Gelegenheitsstichprobe zurückgegriffen. Diese ist jedoch mit Verzerrungen im Hinblick auf die Populationsverhältnisse verbunden (Döring, 2016). So waren ältere Menschen in Pflegeheimen oder ältere Menschen die zu Hause wohnen von vorneherein von der Stichprobe ausgeschlossen. In den Einrichtungen des Betreuten Wohnens nahmen überwiegend mobile und aktive ältere Menschen an der Befragung teil. Folglich können von der erhobenen Stichprobe keine Rückschlüsse auf ältere Menschen im Allgemeinen oder auf alle älteren Menschen in Einrichtungen des Betreuten Wohnens gezogen werden. Hinzu kommt die ungleiche Verteilung der Geschlechter. Fünf Männer stehen dabei 26 Frauen gegenüber. Für eine repräsentative Stichprobe müssten zumindest etwa 35 % der Befragten männlich sein (Statistisches Bundesamt, 2016). Der Umfang der Stichprobe ist mit N = 31 Personen für eine quantitative Studie als sehr gering anzusehen. Der geringe Stichprobenumfang ist unter anderen auf die Absagen von fünf Einrichtungen des Betreuten Wohnens zurückzuführen. Hier entschlossen sich die Leiter der Einrichtungen gegen eine Teilnahme an der Studie. Kritisch anzumerken ist auch, dass die Studienteilnehmer nicht nach Krankheiten gefragt wurden, die Auswirkungen auf die Ernährung haben könnten. So wäre es interessant gewesen, wie Menschen, die an einer Krankheit wie Diabetes leiden, die Wirkungsweise von gesunder Ernährung sowie das eigene Ernährungsverhalten einschätzen. Dies insbesondere auch vor dem Hintergrund einer sich verkürzenden subjektiven Lebenszeit. Der Verzicht auf die Dokumentation des Ernährungsverhaltens der Studienteilnehmer wirkt ebenfalls einschränkend. Im Fragebogen wird zwar gefragt, ob die älteren Menschen ihr

Ernährungsverhalten als gesund einstufen würden. Damit ist aber nicht geklärt, wie sich die Befragten tatsächlich ernähren. Allerdings kann man davon ausgehen, dass Menschen ihr Ernährungsverhalten eher gesünder einschätzen als es in Wirklichkeit ist (Diehl, 2000). Für die Überprüfung des tatsächlichen Ernährungsverhaltens hätte zum Beispiel ein Tellerprotokoll angewendet werden können. Auf die Durchführung eines Tellerprotokolls wurde jedoch aus den folgenden Grund verzichtet. Um ein Tellerprotokoll durchzuführen, hätten alle Teilnehmer/-innen der Studie über mehrere Tage hinweg bei der Einnahme ihrer Mahlzeiten beobachtet werden müssen (Löser, 2011). In einem Pflegeheim, wo sich die meisten Bewohner zu den Mahlzeiten im Speisesaal versammeln, wäre ein Tellerprotokoll möglicherweise umsetzbar gewesen. In den Einrichtungen des Betreuten Wohnens leben die Bewohner in ihren eigenen Wohnungen und essen zumeist auch dort. Auf die Durchführung eines Tellerprotokolls wurde daher aufgrund des zu hohen Zeitaufwands, verzichtet.

7.4 Zusammenfassung und Ausblick

Wie in den vorangegangenen Kapiteln erläutert, konnte die Studie keine entscheidenden neuen Erkenntnisse hervorbringen. Es bleibt unklar, ob das chronologische Alter oder die subjektive Einschätzung der restlichen Lebenszeit von älteren Menschen mit Einstellungen zu gesunder Ernährung oder dem Ernährungsverhalten zusammenhängen. Für die Praxis lassen sich aus den Befunden dieser Studie damit keine Rückschlüsse ziehen. Dennoch könnte diese Arbeit ein Impuls für weitere Forschungsarbeit in diesem Bereich sein. So wäre es interessant zu untersuchen, ob ältere Menschen ihr Ernährungsverhalten ändern, wenn sie an einer ernährungsabhängigen Krankheit leiden und unter welchen Voraussetzungen dies geschieht. Sind zum Beispiel ältere, erkrankte Menschen die ihre restliche subjektive Lebenszeit als relativ lang einschätzen eher dazu bereit bzw. in der Lage ihr Ernährungsverhalten zu ändern als alte, kranke Menschen, die ihre restliche subjektive Lebenszeit als eher gering einschätzen? Theoretisch begründen könnte man diese Überlegung unter anderem wieder durch das Paradigma des DoG sowie der sozioemotionalen Selektivitätstheorie. Wie bereits erwähnt, könnte diese Arbeit also ein Anfang für weitere Forschung im Bereich „Ernährungsverhalten und ältere Menschen" sein. Besonders vor dem Hintergrund der geschilderten Krankheiten, die durch falsche bzw. ungesunde Ernährung entstehen können, erscheint weitere Forschung auf diesem Gebiet sinnvoll. Auch weil die Anzahl der ernährungsabhängigen Krankheiten aufgrund von demographischen Entwicklungen zukünftig weiter ansteigen wird (Bundesministerium für Bildung und Forschung, 2016; 2016).

8 Literaturverzeichnis

Arab-Kohlmeier, Leonore (Hg.) (1993): Ernährungsabhängige Krankheiten und ihre Kosten. Deutschland. Baden-Baden: Nomos-Verl.-Ges (Schriftenreihe des Bundesministeriums für Gesundheit, 27).

Arens-Azevêdo, Ulrike; Behr-Völtzer, Christine (2002): Ernährung im Alter. Hannover: Vincentz (Lehrbuch Altenpflege).

Baum, Andrew; Revenson, Tracey A.; Singer, Jerome E. (Hg.) (2012): Handbook of health psychology. 2nd ed. New York: Psychology Press. Online verfügbar unter http://site.ebrary.com/lib/alltitles/docDetail.action?docID=10558599.

Bengel, Jürgen; Jerusalem, Matthias (Hg.) (2009): Handbuch der Gesundheitspsychologie und medizinischen Psychologie. Göttingen: Hogrefe (Handbuch der Psychologie, / hrsg. von J. Bengel ... ; Bd. 12). Online verfügbar unter http://haw-hamburg.ciando.com/shop/book/index.cfm/fuseaction/show_book/bok_id/32382.

Bengtson, Vern L.; Schaie, Klaus Warner (2003): Handbook of theories of aging. [3. Dr.]. New York, NY: Springer.

Biesalski, Hans-Konrad; Adam, Olaf (Hg.) (1995): Ernährungsmedizin. 197 Tabellen. Stuttgart: Thieme (Forum Ernährungsmedizin).

Böhm, Karin; Tesch-Römer, Clemens; Ziese (Hg.) (2009): Gesundheit und Krankheit im Alter. Beiträge zur Gesundheitsberichterstattung des Bundes. Robert Koch-Institut. Berlin.

Bortz, Jürgen; Döring, Nicola; Bortz-Döring (2005): Forschungsmethoden und Evaluation. Für Human- und Sozialwissenschaftler ; mit 70 Tabellen. 3., überarb. Aufl., Nachdr. Heidelberg: Springer (Springer-Lehrbuch).

Brandtstädter, Jochen (Hg.) (2007): Entwicklungspsychologie der Lebensspanne. Ein Lehrbuch. Stuttgart: Kohlhammer (Entwicklungspsychologie). Online verfügbar unter http://www.content-select.com/index.php?id=bib_view&ean=9783170227187.

Bundesministerium für Bildung und Forschung (2016): Homepage-Ernährung. Hg. v. Bundesministerium für Bildung und Forschung. Berlin. Online verfügbar unter http://www.gesundheitsforschung-bmbf.de/de/ernaehrung.php, zuletzt geprüft am 17.07.2016.

Burkert, Silke; Sniehotta, F. F. (2009): Selbstregulation des Gesundheitsverhaltens. In: Jürgen Bengel und Matthias Jerusalem (Hg.): Handbuch der Gesundheitspsychologie und medizinischen Psychologie. Göttingen: Hogrefe (Handbuch der Psychologie, / hrsg. von J. Bengel ... ; Bd. 12), S. 98–107.

Carstensen, L. L.; Isaacowitz, D. M.; Charles, S. T. (1999): Taking time seriously. A theory of socioemotional selectivity. In: *The American psychologist* 54 (3), S. 165–181.

Carstensen, Laura. L.; Lang, Frieder. R. (2007): Sozioemotionale Selektivität über die Lebensspanne: Grundlagen und empirische Befunde. In: Jochen Brandtstädter (Hg.): Entwicklungspsychologie der Lebensspanne. Ein Lehrbuch. Stuttgart: Kohlhammer (Entwicklungspsychologie), S. 389–412.

Chernoff, R. (2001): Nutrition and Health Promotion in Older Adults. In: *The Journals of Gerontology Series A: Biological Sciences and Medical Sciences* 56 (Supplement 2), S. 47–53. DOI: 10.1093/gerona/56.suppl_2.47.

Deutsche Gesellschaft für Ernährung e.V. (2012): 12. Ernährungsbericht 2012 – Kapitel 1 – Ernährungssituation in Deutschland. Hg. v. Deutsche Gesellschaft für Ernährung e.V. Bonn. Online verfügbar unter https://www.dge.de/wissenschaft/ernaehrungsberichte/ernaehrungsbericht-2012/kapitel-1/, zuletzt geprüft am 14.07.2016.

Deutsche Gesellschaft für Ernährung e.V. (2016): Vollwertig essen und trinken nach den 10 Regeln der DGE. Hg. v. Deutsche Gesellschaft für Ernährung e.V. Bonn. Online verfügbar unter https://www.dge.de/ernaehrungspraxis/vollwertige-ernaehrung/10-regeln-der-dge/, zuletzt geprüft am 17.07.2016.

Diedrichsen, Iwer (1990): Ernährungspsychologie. Berlin, Heidelberg: Springer Berlin Heidelberg. Online verfügbar unter http://dx.doi.org/10.1007/978-3-642-75807-2.

Diehl, Jörg (2000): Motivation zu gesunder Ernährung. In: *Verbraucherdienst* (45), S. 442–449.

Döring, Nicola; Bortz, Jürgen (2016): Forschungsmethoden und Evaluation in den Sozial- und Humanwissenschaften. Unter Mitarbeit von Sandra Pöschl. 5. vollständig überarbeitete, aktualisierte und erweiterte Auflage. Berlin, Heidelberg: Springer (Springer-Lehrbuch). Online verfügbar unter http://dx.doi.org/10.1007/978-3-642-41089-5.

Dorsch, Friedrich; Wirtz, Markus Antonius; Strohmer, Janina (Hg.) (2013): Dorsch - Lexikon der Psychologie. 16., vollst. überarb. Aufl. Bern: Huber.

Drobetz, Reinhard; Maercker, Andreas; Forstmeier, Simon (2012): Delay of gratification in old age: assessment, age-related effects, and clinical implications. In: *Aging clinical and experimental research* 24 (1), S. 6–14. DOI: 10.3275/8178.

Engel, Michael (2004): Essen im Alter. Zu wenig? Zu viel? Das Falsche? Hg. v. Verbraucherzentrale Bundesverband e.V. Berlin. Online verfügbar unter http://www.vzbv.de/sites/default/files/mediapics/essen_im_alter_januar_2004.pdf, zuletzt geprüft am 26.07.2016.

Fernández Ballesteros, Rocío (Hg.) (2003): Encyclopedia of psychological assessment. Sage Publications. London, Thousand Oaks, Calif: SAGE Publications. Online verfügbar unter http://search.ebscohost.com/login.aspx?direct=true&scope=site&db=nlebk&db=nlabk&AN=251351.

Fit im Alter (2016): Nährstoffe. Hg. v. Deutsche Gesellschaft für Ernährung e.V. Bonn. Online verfügbar unter http://www.fitimalter-dge.de/index.php?id=92&type=123, zuletzt geprüft am 16.07.2016.

Folstein, M. F.; Folstein, S. E.; McHugh, P. R. (1975): "Mini-mental state". A practical method for grading the cognitive state of patients for the clinician. In: *Journal of psychiatric research* 12 (3), S. 189–198.

Gaar, Martina (2009): „Strategien der Selbstkontrolle und des Belohnungsaufschubs“. Eine empirische Studie mit Jugendlichen im Altersbereich von 14 bis 18 Jahren, Wien.

Gimbel, Bernd (Hg.) (2014): Körpermanagement. Berlin, Heidelberg: Springer Berlin Heidelberg.

Gleitsmann, Lena-Maria (2013): Belohnungsaufschub und damit assoziierte Phänomene wie Impulsivität und Wohlbefinden unter Einfluss des Alters, Wien.

Gündling, Peter W. (2011): Unter- und Mangelernährung in der niedergelassenen Praxis. In: Christian Löser und Jann Arends (Hg.): Unter- und Mangelernährung. Klinik, moderne Therapiestrategien, Bugdetrelevanz ; 81 Tabellen. 1. Aufl. Stuttgart: Thieme, S. 176–194.

Gunzelmann, T.; Albani, C.; Beutel, M.; Brahler, E. (2006): Subjective health of older people in view of the SF-36: Values from a large community-based sample. In: *Zeitschrift fur Gerontologie und Geriatrie* 39 (2), S. 109–119. DOI: 10.1007/s00391-006-0352-z.

Hauner, Hans (1995): Dysfunktionen des Energiestoffwechsels. In: Hans-Konrad Biesalski und Olaf Adam (Hg.): Ernährungsmedizin. 197 Tabellen. Stuttgart: Thieme (Forum Ernährungsmedizin), S. 187–215.

Holtmeier, Hans-Jürgen (1999): Ernährung des alternden Menschen. Alterskrankheiten und Ernährungsempfehlungen. 7., neu bearb. Aufl. Stuttgart: Wiss. Verl.-Ges (Paperback WVG).

Hug, Theo; Poscheschnik, Gerald; Lederer, Bernd (2010): Empirisch forschen. Die Planung und Umsetzung von Projekten im Studium. 1. Aufl. Konstanz: UVK-Verl.-Ges (UTB Schlüsselkompetenzen, 3357). Online verfügbar unter http://www.utb-studi-e-book.de/9783838533575.

Jahn, Thomas (2010): Neuropsychologie der Demenz. In: Stefan Lautenbacher und Siegfried Gauggel (Hg.): Neuropsychologie psychischer Störungen. 2., vollständig aktualisierte und erweiterte Auflage. Berlin, Heidelberg: Springer-Verlag Berlin Heidelberg, S. 301–338.

Jang, Yuri; Poon, Leonard W.; Martin, Peter (2004): Individual differences in the effects of disease and disability on depressive symptoms: the role of age and subjective health. In: *International journal of aging & human development* 59 (2), S. 125–137.

Kasper, Heinrich; Scheppach, Wolfgang (1995): Gastrointestinaltrakt. In: Hans-Konrad Biesalski und Olaf Adam (Hg.): Ernährungsmedizin. 197 Tabellen. Stuttgart: Thieme (Forum Ernährungsmedizin), S. 227–260.

Kolland, Franz; Wanka, Anna (2014): Die neue Lebensphase Alter. In: Hans-Werner Wahl und Andreas Kruse (Hg.): Lebensläufe im Wandel. Entwicklung über die Lebensspanne aus Sicht verschiedener Disziplinen. 1. Aufl. Stuttgart: Kohlhammer, S. 185–200.

Kruse, Andreas; Martin, Mike (Hg.) (2004): Enzyklopädie der Gerontologie. [Alternsprozesse in multidisziplinärer Sicht]. 1. Aufl. Bern: Huber (Psychologie-Handbuch). Online verfügbar unter http://www.socialnet.de/rezensionen/isbn.php?isbn=978-3-456-83108-4.

Kuhlmey, Adelheid; Schaeffer, Doris (Hg.) (2008): Alter, Gesundheit und Krankheit. Handbuch Gesundheitswissenschaften. 1. Aufl. Bern: Verlag Hans Huber.

Lautenbacher, Stefan; Gauggel, Siegfried (Hg.) (2010): Neuropsychologie psychischer Störungen. 2., vollständig aktualisierte und erweiterte Auflage. Berlin, Heidelberg: Springer-Verlag Berlin Heidelberg. Online verfügbar unter http://site.ebrary.com/lib/alltitles/docDetail.action?docID=10413014.

Lehr, Ursula; Puschner, Ingrid (1968): Untersuchungen über subjektive Alternssymptome. In: Hans Thomae und Ursula Lehr (Hg.): Altern. Probleme und Tatsachen. Frankfurt am Main: Akademische Verlagsgesellschaft, S. 43–71.

Leonard Green, Joel Myerson, David Lichtman, Suzanne Rosen, and Astrid Fry (1996): Temporal Discounting in Choice Between Delayed Rewards:The Role of Age and Income. In: *Psychology and Aging* 11, S. 79–84.

Leonhart, Rainer (2010): Datenanalyse mit SPSS. Göttingen: Hogrefe (Psychlehrbuchplus). Online verfügbar unter http://ebooks.ciando.com/book/index.cfm/bok_id/79854.

Löser, Christian (2011): Praktische Umsetzung im Krankenhaus - "Kasseler Modell". In: Christian Löser und Jann Arends (Hg.): Unter- und Mangelernährung. Klinik, moderne Therapiestrategien, Bugdetrelevanz ; 81 Tabellen. 1. Aufl. Stuttgart: Thieme, S. 164–175.

Löser, Christian; Arends, Jann (Hg.) (2011): Unter- und Mangelernährung. Klinik, moderne Therapiestrategien, Bugdetrelevanz ; 81 Tabellen. 1. Aufl. Stuttgart: Thieme. Online verfügbar unter http://dx.doi.org/10.1055/b-002-43900.

Malzfeldt, Elisabeth (2014): Der Mensch ist, was er isst. In: Bernd Gimbel (Hg.): Körpermanagement. Berlin, Heidelberg: Springer Berlin Heidelberg, S. 215–251.

Medina, John (1996): The clock of ages. Why we age--how we age--winding back the clock. Cambridge, New York: Cambridge University Press. Online verfügbar unter http://search.ebscohost.com/login.aspx?direct=true&scope=site&db=nlebk&db=nlabk&AN=54547.

Menden, Erich (Hg.) (1990): Die Ernährung. Mannheim*, Wien* u.a.: Meyers Lexikonverl. (Wie funktioniert das?).

Menebröcker, Claudia; Best, Regina (2008): Ernährung in der Altenpflege. 1. Aufl. München: Elsevier Urban & Fischer.

Mischel, Walter; Shoda, Yuichi; Rodriguez, Monica L. (1989): Delay of Gratification in children. In: *Science* 244, S. 933–938.

Mokdad, Ali H.; Marks, James S.; Stroup, Donna F.; Gerberding, Julie L. (2004): Actual causes of death in the United States, 2000. In: *JAMA* 291 (10), S. 1238–1245. DOI: 10.1001/jama.291.10.1238.

Motel-Klingebiel, A.; Ziegelmann, J. P.; Wiest, M. (2013): Hochaltrigkeit in der Gesellschaft des langen Lebens. In: *Z Gerontol Geriat* 46 (1), S. 5–9. DOI: 10.1007/s00391-012-0458-4.

Mummendey, Hans Dieter; Grau, Ina (2008): Die Fragebogen-Methode. 5., überarb. und erw. Aufl. Göttingen: Hogrefe. Online verfügbar unter http://haw-hamburg.ciando.com/shop/book/index.cfm/fuseaction/show_book/bok_id/14155.

Oswald, W. D. (2000): Sind Alter und Altern meßbar? In: *Zeitschrift für Gerontologie und Geriatrie* 33 (7), S. S008-S014. DOI: 10.1007/s003910070002.

Pirlich, Matthias.; Norman, Kristina (2011): Bestimmung des Ernährungszustandes: moderne Standards. In: Christian Löser und Jann Arends (Hg.): Unter- und Mangelernährung. Klinik, moderne Therapiestrategien, Bugdetrelevanz ; 81 Tabellen. 1. Aufl. Stuttgart: Thieme, S. 76–96.

Prahl, Hans-Werner; Setzwein, Monika (1999): Soziologie der Ernährung. Wiesbaden, s.l.: VS Verlag für Sozialwissenschaften. Online verfügbar unter http://dx.doi.org/10.1007/978-3-322-99874-3.

Prohaska, T. R.; Leventhal, E. A.; Leventhal, H.; Keller, M. L. (1985): Health practices and illness cognition in young, middle aged, and elderly adults. In: *Journal of Gerontology* 40 (5), S. 569–578.

Pudel, Volker; Westenhöfer, Joachim (2003): Ernährungspsychologie. Eine Einführung. 3., unveränd. Aufl. Göttingen: Hogrefe Verl. für Psychologie.

R. Rupprecht, A. Beyer & F.R. Lang (2012): Befragung der Bevölkerung 50+ derMarktgemeinde Wendelstein über Wünsche, Bedürfnisseund konkrete Planungen für das eigene Alter. Hg. v. Institut für Psychogerontologie. Nürnberg. Online verfügbar unter http://www.geronto.fau.de/archiv_pdfs/ipg_research_notes_2012-06.pdf.

Rager, B.; Lang, F. R.; Wagner, G. G. (2012): Sparmotive von jungen, mittelalten und älteren Erwachsenen. In: *Z Gerontol Geriat* 45 (8), S. 742–747. DOI: 10.1007/s00391-012-0322-6.

Raithel, Jürgen (2008): Quantitative Forschung. Ein Praxiskurs. 2., durchgesehene Auflage. Wiesbaden: VS Verlag für Sozialwissenschaften / GWV Fachverlage GmbH Wiesbaden. Online verfügbar unter http://dx.doi.org/10.1007/978-3-531-91148-9.

Renner, Britta; Schwarzer Ralf (2003): Applied Fields: Health. In: Rocío Fernández Ballesteros (Hg.): Encyclopedia of psychological assessment. London, Thousand Oaks, Calif: SAGE Publications, S. 69–72.

Renner, Britta; Sproesser, Gudrun; Strohbach, Stefanie; Schupp, Harald T. (2012): Why we eat what we eat. The Eating Motivation Survey (TEMS). In: *Appetite* 59 (1), S. 117–128. DOI: 10.1016/j.appet.2012.04.004.

Renner, Britta; Staudinger, Ursula (2008): Gesundheitsverhalten alter Menschen. In: Adelheid Kuhlmey und Doris Schaeffer (Hg.): Alter, Gesundheit und Krankheit. Handbuch Gesundheitswissenschaften. 1. Aufl. Bern: Verlag Hans Huber, S. 192–206.

Ringe, Johann Diederich (1995): Skelettsystem. In: Hans-Konrad Biesalski und Olaf Adam (Hg.): Ernährungsmedizin. 197 Tabellen. Stuttgart: Thieme (Forum Ernährungsmedizin), S. 423–436.

Schneekloth, Ulrich; Wahl, Hans-Werner (2008): Selbständigkeit und Hilfebedarf bei älteren Menschen in Privathaushalten. Pflegearrangements, Demenz, Versorgungsangebote. 2. Aufl. s.l.: Kohlhammer Verlag. Online verfügbar unter http://www.content-select.com/index.php?id=bib_view&ean=9783170266384.

Schnell, Rainer; Hill, Paul B.; Esser, Elke (2005): Methoden der empirischen Sozialforschung. 7., völlig überarb. und erw. Aufl. München: Oldenbourg.

Statistisches Bundesamt (2014): Allgemeine Schulausbildung. Hg. v. Statistisches Bundesamt. Bonn. Online verfügbar unter https://www-genesis.destatis.de/genesis/online/logon?sequenz=tabelleErgebnis&selectionname=12211-0040&transponieren=true, zuletzt geprüft am 16.07.2016.

Statistisches Bundesamt (2015): Bevölkerung Deutschlands bis 2060. 13. koordinierte Bevölkerungsvorausberechnung. Hg. v. Statistisches Bundesamt. Wiesbaden. Online verfügbar unter https://www.destatis.de/DE/Publikationen/Thematisch/Bevoelkerung/VorausberechnungBevoelkerung/BevoelkerungDeutschland2060Presse5124204159004.pdf?__blob=publicationFile, zuletzt geprüft am 15.06.2016.

Statistisches Bundesamt (2016): Ältere Menschen. In Deutschland und der EU. Hg. v. Statistisches Bundesamt. Wiesbaden. Online verfügbar unter https://www.destatis.de/DE/Publikationen/Thematisch/Bevoelkerung/Bevoelkerungsstand/BroschuereAeltereMenschen0010020169004.pdf?__blob=publicationFile, zuletzt geprüft am 20.07.2016.

Story, Giles W.; Vlaev, Ivo; Seymour, Ben; Darzi, Ara; Dolan, Raymond J. (2014): Does temporal discounting explain unhealthy behavior? A systematic review and reinforcement learning perspective. In: *Front. Behav. Neurosci.* 8 (253), S. 485. DOI: 10.3389/fnbeh.2014.00076.

Strathman, Alan; Joireman, Jeff (Hg.) (2005): Understanding behavior in the context of time. Theory, research, and application. ebrary, Inc. Mahwah, N.J: Lawrence Erlbaum Associates Publishers. Online verfügbar unter http://site.ebrary.com/lib/alltitles/docDetail.action?docID=10130700.

Supprian, Tillmann (2011): Frühdiagnostik von Demenzerkrankungen. Diagnostische Verfahren, Frühsymptome, Beratung. 1. Aufl. Stuttgart: Kohlhammer (Konzepte, Methoden und Praxis der Klinischen Psychiatrie).

Tannen, Antje; Schütz, Tatjana (2011): Mangelernährung. Stuttgart: W. Kohlhammer (Pflegepraxis). Online verfügbar unter http://www.content-select.com/index.php?id=bib_view&ean=9783170264878.

Thomae, Hans; Lehr, Ursula (Hg.) (1968): Altern. Probleme und Tatsachen. Frankfurt am Main: Akademische Verlagsgesellschaft.

Toeller, Monika; Gries, Arnold (1995): Diabetes mellitus. In: Hans-Konrad Biesalski und Olaf Adam (Hg.): Ernährungsmedizin. 197 Tabellen. Stuttgart: Thieme (Forum Ernährungsmedizin), S. 303–316.

Volkert, D. (2005): Erfassung der Ernährungssituation älterer Menschen - das Mini Nutritional Assessment (MNA). In: *Aktuel Ernahrungsmed* 30 (03), S. 142–146. DOI: 10.1055/s-2005-866850.

Volkert, Doreen; Sieber, Cornel (2011): Geriatrie, Altenpflege. In: Christian Löser und Jann Arends (Hg.): Unter- und Mangelernährung. Klinik, moderne Therapiestrategien, Bugdetrelevanz ; 81 Tabellen. 1. Aufl. Stuttgart: Thieme, S. 246–265.

Voss, Werner (2000): Praktische Statistik mit SPSS. 2., aktualisierte Aufl. München: Hanser.

Wahl, Hans-Werner; Kruse, Andreas (Hg.) (2014): Lebensläufe im Wandel. Entwicklung über die Lebensspanne aus Sicht verschiedener Disziplinen. 1. Aufl. Stuttgart: Kohlhammer. Online verfügbar unter http://gbv.eblib.com/patron/FullRecord.aspx?p=1820855.

Wahrburg, Ursel; Assmann, Gerd (1995): Feststoffwechselstörungen, Herz und Kreislauf. In: Hans-Konrad Biesalski und Olaf Adam (Hg.): Ernährungsmedizin. 197 Tabellen. Stuttgart: Thieme (Forum Ernährungsmedizin), S. 270–302.

Wakimoto, Patricia; Block, Gladys (2001): Dietary Intake, Dietary Patterns, and Changes WithAge. An Epidemiological Perspective. In: *Journal of Gerontology* 56A, S. 65–80.

Wurm, Susanne; Lampert, Thomas; Menning, Sonja (2009): Subjektive Gesundheit. In: Karin Böhm, Clemens Tesch-Römer und Ziese (Hg.): Gesundheit und Krankheit im Alter. Beiträge zur Gesundheitsberichterstattung des Bundes. Berlin, S. 79–91.

Zanjani, Faika A. K.; Schaie, Warner K.; Willis, Sherry L. (2006): Age Group and Health Status Effects on Health Behavior Change. In: *Behavioral Medicine* 32 (2), S. 36–46. DOI: 10.3200/BMED.32.2.36-46.

9 Abkürzungsverzeichnis

bzw.	Beziehungsweise
CAG	Christliche Arbeitsgemeinschaft e.V.
DD	Delay Discounting
DGE	Deutsche Gesellschaft für Ernährung e.V.
d.h.	das heißt
DoG	Delay of Gratification
MMST	Mini Mental Status Test
MNA	Mini Nutritional Assessment

10 Abbildungsverzeichnis

Abbildung 1: Bevölkerungsvorausberechnung (1). (Bundesamt für Statistik, 2015; 2016)...... 9

Abbildung 2:Bevölkerungsvorausberechnung (2). (Bundesamt für Statistik, 2015; 2016) 10

Abbildung 3: Ernährungskreis (Deutsche Gesellschaft für Ernährung e.V., 2016; 2016) 15

Abbildung 4: Haupt- und Nebengütekriterien (Raithel, 2008)... 42

Abbildung 5: Fragebogen (Anhang 6)... 45

Abbildung 6: Restliche subjektive Lebenszeit (Rupprecht et al., 2012)................................. 46

Abbildung 7: Bildungsstand (Eigene Berechnungen SPSS) 54

Abbildung 8: Codeplan (Anhang 2) 56

11 Tabellen- und Grafikenverzeichnis

Tabelle 1: Alter (Eigene Berechnungen SPSS) 53

Tabelle 2: Subjektive Gesundheit (Eigene Berechnungen SPSS) 55

Tabelle 3: Wirksamkeit Ernährung ((Eigene Berechnungen SPSS) 59

Tabelle 4: Praktizierung Ernährung (Eigene Berechnungen SPSS) 60

Tabelle 5: Vergleich der Erhebungsorte (Eigene Berechnungen SPSS) 61

Tabelle 6: Subjektive restliche Lebenszeit (Eigene Berechnungen SPSS) 61

Tabelle 7: Korrelation Alter und subjektive Einschätzung der restlichen Lebenszeit (Eigene Berechnungen SPSS) 62

Tabelle 8: Korrelation WirksamkeitErnährung und PraktizierungErnährung (Eigene Berechnungen SPSS) 63

Tabelle 9: Korrelation Alter, subjektive restliche Lebenszeit, Praktizierung Ernährung und Wirksamkeit Ernährung (Eigene Berechnungen SPSS) 66

12 Anhang

Anhang 1 Fragebogen 87

Anhang 2 Codeplan 90

Anhang 3 Mini Mental Status Test 93

Anhang 4 Mini Nutritional Assessment 94

Anhang 5: Ausgabetabellen SPSS 96

Anhang 6 Skalen Jörg Diehl 100

Anhang 1 Fragebogen

Fragebogen (Teil 1):

Einstellungen zur Wirksamkeit und Praktizierung gesunder Ernährung

Bitte schätzen Sie ein, in wieweit die folgenden Aussagen für Sie oder auf Sie zutreffen.	trifft gar nicht zu 1	trifft wenig zu 2	trifft ziemlich zu 3	trifft sehr zu 4
4. Es ist sicher, dass man länger lebt, wenn man sich gesund ernährt.	❐	❐	❐	❐
5. Wirkliches Wohlbefinden erreicht man nur, wenn man sich vernünftig ernährt.	❐	❐	❐	❐
6. Eine vernünftige Ernährungsweise wirkt sich bei jeder Person positiv auf ihren Gesundheitszustand aus.	❐	❐	❐	❐
7. Ich esse kaum ungesunde Sachen.	❐	❐	❐	❐
8. Ich lege großen Wert darauf, dass die Dinge, die ich esse, auch gesund sind.	❐	❐	❐	❐
9. Bei einer gesunden Ernährung dauert es viel zu lange, bis – vielleicht – die erhoffte Wirkung einsetzt.	❐	❐	❐	❐
10. Ich esse, was mir schmeckt und kümmere mich nicht besonders darum, ob es gesund ist.	❐	❐	❐	❐
11. Bei der Ernährung vermeide ich alles, was der Gesundheit schadet.	❐	❐	❐	❐
12. Es ist mir gleichgültig, ob ein Snack, den ich zwischendurch verzehre, gesund ist oder nicht.	❐	❐	❐	❐

13. Richtige Ernährung ist eine wichtige Voraussetzung für ein gesundes und langes Leben.		❐	❐	❐	❐
14. Ich ernähre mich stets gesund und ausgewogen.		❐	❐	❐	❐
15. Viele Gebrechen des Alters ließen sich vermeiden, wenn die Leute sich gesund ernähren würden.		❐	❐	❐	❐

Persönliche Daten (Teil 2)

1. Bitte geben sie Ihr Alter und Ihr Geschlecht an.

_______ Jahre ❐ Weiblich ❐ Männlich

2. Welchen Schulabschluss haben Sie? (Denken sie auch an den 2. Bildungsweg)

❐ Ich bin ohne Schulabschluss von der Schule abgegangen
❐ Hauptschule/Volksschule
❐ Realschule/Mitllere Reife
❐ Abitur/Fachabitur
❐ Studium (Universität/Hochschule, Fachhochschule)
❐ Ich habe einen anderen Schulabschluss und zwar: ____________________

3. Welchen Familienstand haben Sie?

❐ Ledig ❐Verheiratet ❐Geschieden ❐Verwitwet

4. Haben sie Kinder?

❐ Nein ❐ Ja → Wie viele Kinder haben Sie? ____ Kinder

5. Wie würden sie Ihren Gesundheitszustand im Allgemeinen beschreiben?

❒ Ausgezeichnet ❒ Sehr gut ❒ Gut ❒ Weniger Gut ❒ Schlecht

6. **Erhalten Sie Leistungen aus der Pflegeversicherung?**

   ❒ Nein

   ❒ Ich habe einen Antrag auf Pflegestufe gestellt

   ❒ Ja → In welche Pflegestufe wurden sie eingestuft? ________

7. **Was denken Sie, an welchem Punkt in ihrem Leben befinden Sie sich? Stellen Sie sich bitte vor, dass Lebensanfang und -ende durch einen Lebensstrahl verbunden sind. An welchem Punkt dieses Strahls denken Sie, befinden Sie sich heute?** *(Bitte markieren Sie den entsprechenden Punkt auf dem Strahl zwischen Geburt und Lebensende mit einem Kreuz)*

Lebensanfang Lebensende

Ihre Angaben sind freiwillig, werden vertraulich und anonym behandelt und nicht an Dritte weitergegeben.

Vielen herzlichen Dank für Ihre Mithilfe.

Anhang 2 Codeplan

Codeplan

Frage Nr.	*Variable*	*Name*	*Werte*	*Kode*
	Nummer des Fragebogens	V01	1-31	siehe Werte
1	Alter	V02	00-99	siehe Werte
2	Geschlecht	V03	Männlich	1
			Weiblich	2
			Keine Angabe	999
3	Bildung	V04	Ohne Schulabschluss	1
			Hauptschule/Volksschule	2
			Realschule/Mittl. Reife	3
			Abitur/Fachabitur	4
			Studium	5
			Andere	6
			Keine Angabe	999
4	Familienstand	V05	Ledig	1
			Verheiratet	2
			Geschieden	3
			Verwitwet	4
			Keine Angabe	999
5	Kinder	V06	Keine Kinder	1
			1 Kind	2
			2 Kinder	3
			3 Kinder	4
			Mehr als 3 Kinder	5
			Keine Angabe	999
6	Gesundheit	V07	Ausgezeichnet	1
			Sehr gut	2
			Gut	3
			Weniger Gut	4
			Schlecht	5
			Keine Angabe	999
7	Pflegestufe	V08	Keine Pflegestufe	1
			Laufender Antrag	2
			Pflegestufe 1	3
			Pflegestufe 2	4
			Pflegestufe 3	5
			Keine Angabe	999
8	Subjektive Lebenszeit	V09	0-100	Siehe Werte
9	Ort	V10	Vitalis	1
			Rehhof	2

10	MMST	V11	Keine kognitiven Einschränkungen	27 – 30
			Kognitive Einschränkungen	0 – 26
			Keine Angabe	999
11	MNA	V12	Normaler Ernährungszustand	1
			Risiko für Mangelernährung	2
			Mangelernährung	3
12	Fragebogen1Wirk	V13	Trifft gar nicht zu	0
			Trifft wenig zu	1
			Trifft ziemlich zu	2
			Trifft sehr zu	3
			Keine Angabe	999
13	Fragebogen2Wirk	V14	Trifft gar nicht zu	0
			Trifft wenig zu	1
			Trifft ziemlich zu	2
			Trifft sehr zu	3
			Keine Angabe	999
14	Fragebogen3Wirk	V15	Trifft gar nicht zu	0
			Trifft wenig zu	1
			Trifft ziemlich zu	2
			Trifft sehr zu	3
			Keine Angabe	999
15	Fragebogen4Prak	V16	Trifft gar nicht zu	0
			Trifft wenig zu	1
			Trifft ziemlich zu	2
			Trifft sehr zu	3
			Keine Angabe	999
16	Fragebogen5Prak	V17	Trifft gar nicht zu	0
			Trifft wenig zu	1
			Trifft ziemlich zu	2
			Trifft sehr zu	3
			Keine Angabe	999
17	Fragebogen6Wirk	V18	Trifft gar nicht zu	3
			Trifft wenig zu	2
			Trifft ziemlich zu	1
			Trifft sehr zu	0
			Keine Angabe	999
18	Fragebogen7Prak	V19	Trifft gar nicht zu	3
			Trifft wenig zu	2
			Trifft ziemlich zu	1
			Trifft sehr zu	0
			Keine Angabe	999
19	Fragebogen8Prak	V20	Trifft gar nicht zu	0
			Trifft wenig zu	1
			Trifft ziemlich zu	2
			Trifft sehr zu	3
			Keine Angabe	999
20	Fragebogen9Prak	V21	Trifft gar nicht zu	3
			Trifft wenig zu	2

			Trifft ziemlich zu	1
			Trifft sehr zu	0
			Keine Angabe	999
21	Fragebogen10Wirk	V22	Trifft gar nicht zu	0
			Trifft wenig zu	1
			Trifft ziemlich zu	2
			Trifft sehr zu	3
			Keine Angabe	999
22	Fragebogen11Prak	V23	Trifft gar nicht zu	0
			Trifft wenig zu	1
			Trifft ziemlich zu	2
			Trifft sehr zu	3
			Keine Angabe	999
23	Fragebogen12Wirk	V24	Trifft gar nicht zu	0
			Trifft wenig zu	1
			Trifft ziemlich zu	2
			Trifft sehr zu	3
			Keine Angabe	999

Anhang 3 Mini Mental Status Test

Mini-Mental State Examination (MMSE)

(0 / 1)	1.	Was für ein Datum ist heute?	
(0 / 1)	2.	Welche Jahreszeit?	
(0 / 1)	3.	Welches Jahr haben wir?	
(0 / 1)	4.	Welcher Wochentag ist heute?	
(0 / 1)	5.	Welcher Monat?	
(0 / 1)	6.	Wo sind wir jetzt ?	welches Bundesland?
(0 / 1)	7.		welcher Landkreis/welche Stadt?
(0 / 1)	8.		welche Stadt/welcher Stadtteil?
(0 / 1)	9.		welches Krankenhaus?
(0 / 1)	10.		welche Station/welches Stockwerk?
(0 / 1)	11.	Bitte merken Sie sich:	Apfel
(0 / 1)	12.		Pfennig
(0 / 1)	13.		Tisch
			Anzahl der Versuche:

Ziehen Sie von 100 jeweils 7 ab oder buchstabieren Sie Stuhl rückwärts:

(0 / 1)	14.	93	L
(0 / 1)	15.	86	H
(0 / 1)	16.	79	U
(0 / 1)	17.	72	T
(0 / 1)	18.	65	S

Was waren die Dinge, die Sie sich vorher gemerkt haben ?

(0 / 1)	19.	Apfel
(0 / 1)	20.	Pfennig
(0 / 1)	21.	Tisch

(0 / 1)	22.	Was ist das?	Uhr
(0 / 1)	23.		Bleistift/Kugelschreiber
(0 / 1)	24.	Sprechen Sie nach:	"Kein wenn und oder aber."

Machen Sie bitte folgendes:

(0 / 1)	25.	Nehmen Sie bitte das Blatt in die Hand,
(0 / 1)	26.	Falten Sie es in der Mitte und
(0 / 1)	27.	Lassen Sie es auf den Boden fallen
(0 / 1)	28.	Lesen Sie und machen Sie es bitte ("**Augen zu !**")
(0 / 1)	29.	Schreiben Sie bitte einen Satz (mind. Subjekt und Prädikat)
(0 / 1)	30.	Kopieren Sie bitte die Zeichnung (zwei Fünfecke)

Augen zu!

Anhang 4 Mini Nutritional Assessment

Mini Nutritional Assessment
MNA®

Nestlé NutritionInstitute

Name: Vorname:

Geschlecht: Alter (Jahre): Gewicht (kg): Größe (m): Datum:

Füllen Sie den Bogen aus, indem Sie die zutreffenden Zahlen in die Kästchen eintragen. Addieren Sie die Zahlen des Screenings. Ist der Wert ≤ 11, fahren Sie mit dem Assessment fort, um den Mangelernährungs-Index zu erhalten.

Screening

A Hat der Patient während der letzten 3 Monate wegen Appetitverlust, Verdauungsproblemen, Schwierigkeiten beim Kauen oder Schlucken weniger gegessen?
0 = starke Abnahme der Nahrungsaufnahme
1 = leichte Abnahme der Nahrungsaufnahme
2 = keine Abnahme der Nahrungsaufnahme ☐

B Gewichtsverlust in den letzen 3 Monaten
0 = Gewichtsverlust > 3 kg
1 = nicht bekannt
2 = Gewichtsverlust zwischen 1 und 3 kg
3 = kein Gewichtsverlust ☐

C Mobilität
0 = bettlägerig oder in einem Stuhl mobilisiert
1 = in der Lage, sich in der Wohnung zu bewegen
2 = verlässt die Wohnung ☐

D Akute Krankheit oder psychischer Stress während der letzten 3 Monate?
0 = ja 2 = nein ☐

E Neuropsychologische Probleme
0 = schwere Demenz oder Depression
1 = leichte Demenz
2 = keine psychologischen Probleme ☐

F Body Mass Index (BMI): Körpergewicht in kg / (Körpergröße in m)²
0 = BMI < 19
1 = 19 ≤ BMI < 21
2 = 21 ≤ BMI < 23
3 = BMI ≥ 23 ☐

Ergebnis des Screenings (max. 14 Punkte) ☐☐

12-14 Punkte:	Normaler Ernährungszustand
8-11 Punkte:	Risiko für Mangelernährung
0-7 Punkte:	Mangelernährung

Für ein tiefergehendes Assessment fahren Sie bitte mit den Fragen G-R fort

Assessment

G Lebt der Patient eigenständig zu Hause?
1 = ja 0 = nein ☐

H Nimmt der Patient mehr als 3 verschreibungspflichtige Medikamente pro Tag?
0 = ja 1 = nein ☐

I Hat der Patient Druck- oder Hautgeschwüre?
0 = ja 1 = nein ☐

Ref. Vellas B, Villars H, Abellan G, et al. *Overview of MNA® - Its History and Challenges*. J Nut Health Aging 2006; 10: 456-465.
Rubenstein LZ, Harker JO, Salva A, Guigoz Y, Vellas B. Screening for Undernutrition in Geriatric Practice: *Developing the Short-Form Mini Nutritional Assessment (MNA-SF)*. J. Geront 2001; 56A: M366-377.
Guigoz Y. The Mini-Nutritional Assessment (MNA®) *Review of the Literature – What does it tell us?* J Nutr Health Aging 2006; 10: 466-487.

Mehr Informationen unter: www.mna-elderly.com

J Wie viele Hauptmahlzeiten isst der Patient pro Tag?
0 = 1 Mahlzeit
1 = 2 Mahlzeiten
2 = 3 Mahlzeiten ☐

K Eiweißzufuhr: Isst der Patient
- mindestens einmal pro Tag Milchprodukte (Milch, Käse, Joghurt)? ja ☐ nein ☐
- mindestens zweimal pro Woche Hülsenfrüchte oder Eier? ja ☐ nein ☐
- täglich Fleisch, Fisch oder Geflügel? ja ☐ nein ☐

0,0 = wenn 0 oder 1 mal «ja»
0,5 = wenn 2 mal «ja»
1,0 = wenn 3 mal «ja» ☐,☐

L Isst der Patient mindestens zweimal pro Tag Obst oder Gemüse?
0 = nein 1 = ja ☐

M Wie viel trinkt der Patient pro Tag? (Wasser, Saft, Kaffee, Tee, Milch ...)
0,0 = weniger als 3 Gläser / Tassen
0,5 = 3 bis 5 Gläser / Tassen
1,0 = mehr als 5 Gläser / Tassen ☐,☐

N Essensaufnahme mit / ohne Hilfe
0 = braucht Hilfe beim Essen
1 = isst ohne Hilfe, aber mit Schwierigkeiten
2 = isst ohne Hilfe, keine Schwierigkeiten ☐

O Wie schätzt der Patient seinen Ernährungszustand ein?
0 = mangelernährt
1 = ist sich unsicher
2 = gut ernährt ☐

P Im Vergleich mit gleichaltrigen Personen schätzt der Patient seinen Gesundheitszustand folgendermaßen ein:
0,0 = schlechter
0,5 = weiß es nicht
1,0 = gleich gut
2,0 = besser ☐,☐

Q Oberarmumfang (OAU in cm)
0,0 = OAU < 21
0,5 = 21 ≤ OAU ≤ 22
1,0 = OAU > 22 ☐,☐

R Wadenumfang (WU in cm)
0 = WU < 31
1 = WU ≥ 31 ☐

Assessment (max. 16 Punkte)	☐☐,☐
Screening	☐☐,☐
Gesamtauswertung (max. 30 Punkte)	☐☐,☐

Auswertung des Mangelernährungs-Index

24-30 Punkte	☐	Normaler Ernährungszustand
17-23,5 Punkte	☐	Risiko für Mangelernährung
Weniger als 17 Punkte	☐	Mangelernährung

Anhang 5: Ausgabetabellen SPSS

Regression (1)

Eingegebene/Entfernte Variablen[a]

Modell	Eingegebene Variablen	Entfernte Variablen	Methode
1	Subjektive Gesundheit, Subjektive restliche Lebenszeit[b]	.	Aufnehmen

a. Abhängige Variable: PraktizierungErnährung

b. Alle angeforderten Variablen wurden eingegeben.

Modellübersicht

Modell	R	R-Quadrat	Angepasstes R-Quadrat	Standardfehler der Schätzung
1	,213[a]	,046	-,023	,70512

a. Prädiktoren: (Konstante), Subjektive Gesundheit, Subjektive restliche Lebenszeit

Koeffizienten[a]

Modell		Nicht standardisierte Koeffizienten		Standardisierte Koeffizienten		
		B	Standardfehler	Beta	t	Sig.
1	(Konstante)	1,325	,755		1,753	,090
	Subjektive restliche Lebenszeit	,021	,019	,216	1,152	,259
	Subjektive Gesundheit	,058	,195	,056	,297	,769

a. Abhängige Variable: PraktizierungErnährung

Koeffizienten[a]

Modell		Nicht standardisierte Koeffizienten		Standardisierte Koeffizienten		
		B	Standardfehler	Beta	t	Sig.
1	(Konstante)	1,325	,755		1,753	,090
	Subjektive restliche Lebenszeit	,021	,019	,216	1,152	,259
	Subjektive Gesundheit	,058	,195	,056	,297	,769

a. Abhängige Variable: PraktizierungErnährung

Regression (1)

Eingegebene/Entfernte Variablen[a]

Modell	Eingegebene Variablen	Entfernte Variablen	Methode
1	Subjektive Gesundheit, Subjektive restliche Lebenszeit[b]	.	Aufnehmen

a. Abhängige Variable: WirksamkeitErnährung

b. Alle angeforderten Variablen wurden eingegeben.

Modellübersicht

Modell	R	R-Quadrat	Angepasstes R-Quadrat	Standardfehler der Schätzung
1	,237[a]	,056	-,011	,56719

a. Prädiktoren: (Konstante), Subjektive Gesundheit, Subjektive restliche Lebenszeit

ANOVA[a]

Modell		Quadratsumme	df	Mittel der Quadrate	F	Sig.
1	Regression	,535	2	,268	,832	,446[b]
	Residuum	9,008	28	,322		
	Gesamtsumme	9,543	30			

a. Abhängige Variable: WirksamkeitErnährung

b. Prädiktoren: (Konstante), Subjektive Gesundheit, Subjektive restliche Lebenszeit

Koeffizienten[a]

Modell		Nicht standardisierte Koeffizienten		Standardisierte Koeffizienten		
		B	Standardfehler	Beta	t	Sig.
1	(Konstante)	1,872	,608		3,080	,005
	Subjektive restliche Lebenszeit	,018	,015	,227	1,218	,234
	Subjektive Gesundheit	-,033	,157	-,039	-,211	,834

a. Abhängige Variable: WirksamkeitErnährung

Regression (3)

Eingegebene/Entfernte Variablen[a]

Modell	Eingegebene Variablen	Entfernte Variablen	Methode
1	Alter, Subjektive Gesundheit[b]	.	Aufnehmen

a. Abhängige Variable: WirksamkeitErnährung

b. Alle angeforderten Variablen wurden eingegeben.

Modellübersicht

Modell	R	R-Quadrat	Angepasstes R-Quadrat	Standardfehler der Schätzung
1	,176[a]	,031	-,038	,57468

a. Prädiktoren: (Konstante), Alter, Subjektive Gesundheit

ANOVA[a]

Modell		Quadratsumme	df	Mittel der Quadrate	F	Sig.
1	Regression	,296	2	,148	,448	,643[b]
	Residuum	9,247	28	,330		
	Gesamtsumme	9,543	30			

a. Abhängige Variable: WirksamkeitErnährung

b. Prädiktoren: (Konstante), Alter, Subjektive Gesundheit

Koeffizienten[a]

Modell		Nicht standardisierte Koeffizienten		Standardisierte Koeffizienten	t	Sig.
		B	Standardfehler	Beta		
1	(Konstante)	3,562	1,567		2,274	,031
	Subjektive Gesundheit	-,062	,157	-,074	-,397	,695
	Alter	-,015	,018	-,158	-,848	,404

a. Abhängige Variable: WirksamkeitErnährung

Regression (4)

Eingegebene/Entfernte Variablen[a]

Modell	Eingegebene Variablen	Entfernte Variablen	Methode
1	Alter, Subjektive Gesundheit[b]	.	Aufnehmen

a. Abhängige Variable: PraktizierungErnährung

b. Alle angeforderten Variablen wurden eingegeben.

Modellübersicht

Modell	R	R-Quadrat	Angepasstes R-Quadrat	Standardfehler der Schätzung
1	,144[a]	,021	-,049	,71418

a. Prädiktoren: (Konstante), Alter, Subjektive Gesundheit

ANOVA[a]

Modell		Quadratsumme	df	Mittel der Quadrate	F	Sig.
1	Regression	,305	2	,152	,299	,744[b]
	Residuum	14,281	28	,510		
	Gesamtsumme	14,586	30			

a. Abhängige Variable: PraktizierungErnährung

b. Prädiktoren: (Konstante), Alter, Subjektive Gesundheit

Koeffizienten[a]

Modell		Nicht standardisierte Koeffizienten		Standardisierte Koeffizienten	t	Sig.
		B	Standardfehler	Beta		
1	(Konstante)	3,245	1,947		1,667	,107
	Subjektive Gesundheit	,024	,195	,023	,122	,904
	Alter	-,017	,023	-,143	-,766	,450

a. Abhängige Variable: PraktizierungErnährung

Skalen zur Erfassung von Ernährungs- und Gesundheitseinstellungen

1 Einstellung zum Kochen
2 Fleischpräferenz- und konsum
3 Einstellung zum Fleischverzehr und Vegetarismus
4 Meidung von konventionellen, belasteten Nahrungsmitteln
5 Konsum gesunder, fettarmer Kost
6 Einstellung zu Bio-Lebensmitteln
7 Anspruch und Stil beim Essen und Trinken
8 Einstellung zu Convenience Food
9 Nahrungsmittelängste und -besorgnisse
10 Einstellung zur Wirksamkeit gesunder Ernährung
11 Wertschätzung gesunder Ernährung
12 Praktizierung gesunder Ernährung
13 Einstellung zum Essen
14 Essen und Gewicht als Problem
15 Zügelung des Essens
16 Angst vor Gewichtszunahme
17 Unzufriedenheit mit der Figur
18 Gesundheit als Folge eigenen Verhaltens
19 Gesundheit als Folge von Glück und Schicksal
20 Einstellung zu Gesundheit und Krankheit

Joerg M. Diehl

ISK Item-Skala-Korrelation (korrigierte Trennschärfe)
* Item wird bei Skalenwertbildung invertiert
IEG Skalen aus dem Inventar zu Essverhalten und Gewichtsproblemen (teilw. modifiziert)

Prof. Dr. Joerg M. Diehl
Fachbereich 06 Psychologie und Sportwissenschaft
Justus-Liebig-Universität Giessen
Otto-Behaghel-Str. 10
D-35394 Giessen

Telefon	(0641) 9926125
Fax	(0641) 9926139
E-Mail	joerg.diehl@psychol.uni-giessen.de
Internet	www.psychol.uni-giessen.de/~diehl/

Giessen, September 2002

1	Einstellung zum Kochen	ISK
1.	Ich überlege mir gern neue Gerichte.	.67
2.	Ich möchte so wenig Zeit wie möglich auf das Kochen verwenden.*	.76
3.	Ich koche sehr gern.	.81
4.	Für Kochen und Speisenzubereitung habe ich kein Interesse.*	.69
5.	Ich mache für die Zubereitung einer Mahlzeit nicht gerne viel Aufwand.*	.71
6.	Ich koche am liebsten Gerichte, die schnell gehen.*	.59
7.	Für das Kochen nehme ich mir viel Zeit.	.77
8.	Ich koche gerne ausgefallene Speisen und Gerichte.	.63
9.	Mit Kochen vertrödelt man viel zu viel kostbare Zeit.*	.62
10.	Das Zubereiten von Speisen muss bei mir schnell gehen.	.70

2	Fleischpräferenz und -konsum	ISK
1.	Delikat zubereitetes Fleisch ist ein wirklicher Genuss.	.50
2.	Statt Fleisch kaufe ich vor allem pflanzliche und/oder tierische Produkte (wie Milch, Eier, Käse).*	.70
3.	Ich kaufe meistens Ersatzprodukte für Fleisch (wie Soja, Hirse, Tofu).*	.56
4.	Statt Fleisch zu essen, versuche ich in meiner Ernährung auf andere Nahrungsmittel zurückzugreifen (wie Getreideprodukte, Gemüse, Obst).*	.72
5.	Ich esse kaum Fleisch.*	.78
6.	Ich könnte auf Fleisch völlig verzichten.*	.70
7.	Einem herzhaften Braten kann ich nicht widerstehen.	.57
8.	Ich kaufe statt Fleisch hauptsächlich Nahrungsmittel wie Getreide, stärkehaltige Produkte (z.B. Kartoffeln), Obst und Gemüse.*	.73
9.	Ich esse oft und gerne Fleisch.	.76
10.	Ein Verzicht auf Fleisch würde für mich den Genuss am Essen erheblich schmälern.	.74

3	Einstellung zum Fleischverzehr und Vegetarismus	ISK
1.	Zu einer ausgewogenen und gesunden Ernährungsweise gehört Fleisch dazu.	.67
2.	Auch ohne Fleisch und Wurst ist eine vollwertige Ernährung möglich.*	.60
3.	Auch auf der Grundlage vegetarischer Nahrungsmittel kann man sich ausgewogen und gesund ernähren.*	.64
4.	Es gibt keinen vernünftigen Grund, warum man sich fleischlos ernähren sollte.	.62
5.	Vegetarische Ernährung ist eine fade Sache.	.60
6.	Eine ausreichende Versorgung mit allen wichtigen Nährstoffen ist bei einer Meidung von Fleisch kaum möglich.	.63
7.	Fleisch ist als wichtiges Lebensmittel für die menschliche Gesundheit unverzichtbar.	.74
8.	Vegetarier sind weder gesünder noch leben sie länger.	.49
9.	Eine vegetarische Ernährung ohne Fleisch kann zu Mangelerscheinungen führen.	.59
10.	Vegetarier sind irgendwie Sonderlinge.	.52

4	Meidung von konventionellen, belasteten Nahrungsmitteln	ISK
1.	Beim Kauf von Lebensmitteln wie Eiern und Fleisch achte ich darauf, dass sie von Tieren aus artgerechter Haltung sind.	.52
2.	Ich esse nur noch Fleisch aus garantiert ökologischer Produktion.	.50
3.	Beim Einkaufen achte ich darauf, Lebensmittel ohne jegliche Zusatzstoffe zu wählen.	.70
4.	Bei meiner täglichen Ernährung sind mir darin enthaltene Zusatzstoffe relativ gleichgültig.*	.59
5.	Ich verwende nach Möglichkeit Lebensmittel aus kontolliertem biologischen Anbau.	.62
6.	Ich informiere mich darüber, welche Lebensmittel umweltbelastet sind und kaufe sie nicht mehr.	.70
7.	Ich verwende nach Möglichkeit Lebensmittel ohne chemische Zusätze.	.67
8.	Ich möchte bei Fleisch- und Wurstprodukten genau wissen, woher die Tiere stammen.	.57
9.	Ich versuche, nur Nahrungsmittel zu essen, die keine Zusatzstoffe enthalten.	.67
10.	Nahrungsmittel, in denen Konservierungsstoffe enthalten sind, lehne ich ab.	.64

5 Konsum gesunder, fettarmer Kost	ISK
1. Ich mache mir um meinen Fettkonsum keine großen Gedanken.*	.50
2. Ich esse viel Gemüse.	.50
3. Es ist mir wichtig, dass meine Kost wenig Fett enthält.	.62
4. Ich achte darauf, dass meine tägliche Kost viele Vitamine und Mineralien enthält.	.62
5. Ich esse viel Obst.	.49
6. Ich achte streng darauf, möglichst wenig Fett zu essen.	.59

6 Einstellung zu Bio-Lebensmitteln	ISK
1. Hinsichtlich Qualität und Geschmack sind die biologischen Lebensmittel den konventionell angebauten eindeutig überlegen.	.57
2. Biologisch produzierte Nahrungsmittel sind auch nicht gesünder als konventionell produzierte.*	.54
3. Bio-Lebensmittel sind nur teurer, aber nicht besser.*	.63
4. Wenn man seine Gesundheit schützen will, ist biologische Ernährung das »A« und »O«.	.44
5. Mit dem Begriff »Bio« wird viel Schwindel getrieben.*	.38

7 Anspruch und Stil beim Essen und Trinken	ISK
1. Beim Essen und Trinken bin ich sehr anspruchsvoll.	.43
2. Ich leiste mir öfter mal Delikatessen.	.57
3. Edle Speisen und Getränke gehören zu meinem Lebensstil.	.64
4. Ich bin Feinschmecker.	.64

8 Einstellung zu Convenience Food	ISK
1. Ich finde, dass man mit Fertigprodukten heutzutage köstliche Speisen zubereiten kann.	.54
2. Es ist ein Segen, dass es ein immer abwechslungsreicheres Angebot an Tiefkühlprodukten gibt.	.56
3. Bei Lebensmitteln kaufe ich ausschließlich frische Produkte an Stelle von z.B. Konserven oder Tiefkühlkost.*	.47
4. Ohne Fertigprodukte (wie Soßenpulver, Tiefgekühltes, Konserven) kann ich mir das Kochen kaum noch vorstellen.	.60
5. Die Tiefkühlkost ermöglicht es einem, jederzeit etwas Frisches auf den Tisch zu bringen.	.44
6. Heutzutage schmecken Konserven genauso gut wie Frisches.	.46

9	Nahrungsmittelängste und -besorgnisse	ISK
1.	Ich denke oft darüber nach, dass ich über die Nahrung Schadstoffe in meinen Körper aufnehme.	.54
2.	Je mehr Informationen ich über belastete und verseuchte Lebensmittel bekomme, um so unsicherer und verängstigter fühle ich mich.	.45
3.	Ich habe Angst, dass ich gen-behandelte Nahrungsmittel zu mir nehme ohne es zu wissen.	.63
4.	Ich habe Angst vor langfristigen Schäden durch Schadstoffe im Fleisch.	.67
5.	Ich mache mir Sorgen, dass Zusatzstoffe und Rückstände in der Nahrung meine geistigen Fähigkeiten beeinträchtigen.	.54
6.	Ich habe Angst, dass ich bestrahlte Lebensmittel zu mir nehme ohne es zu wissen.	.72
7.	Die chemischen Zusätze in der Fleischverarbeitung beunruhigen mich.	.67
8.	Ich habe Angst, mich über die Nahrung mit Krankheiten wie BSE, Maul- und Klauenseuche oder Salmonellen zu infizieren.	.67
9.	Ich habe Angst, dass ich durch die industriell hergestellten Nahrungsmittel geschädigt werde.	.68
10.	Mich regt es auf, wenn ich an all die Schadstoffe in unserer Nahrung denke.	.70

10	Einstellung zur Wirksamkeit gesunder Ernährung	ISK
1.	Die Ernährungsforschung hilft uns, länger zu leben.	.48
2.	Nur wenn man sich gesund ernährt, ist man fit und voll leistungsfähig.	.59
3.	Richtige Ernährung ist eine wichtige Voraussetzung für ein gesundes und langes Leben.	.63
4.	Wirkliches Wohlbefinden erreicht man nur, wenn man sich vernünftig ernährt.	.56
5.	Bei einer gesunden Ernährung fühlt man sich auch psychisch besser.	.58
6.	Viele Gebrechen des Alters ließen sich vermeiden, wenn die Leute sich gesünder ernähren würden.	.53
7.	Eine vernünftige Ernährungsweise wirkt sich bei jeder Person günstig auf ihren Gesundheitszustand aus.	.51
8.	Es ist sicher, dass man länger lebt, wenn man sich gesund ernährt.	.56

11	**Wertschätzung gesunder Ernährung**	ISK
	1. Es ist im Moment modern, über die richtige Ernährung zu reden; im Grunde wird das ganze Problem jedoch viel zu wichtig genommen.*	.60
	2. Wenn man beim Essen immer auf Ratschläge für eine gesunde Ernährung achten würde, käme man ganz durcheinander.*	.60
	3. Ich bin es leid zu hören, welche Nahrungsmittel ich essen oder nicht essen soll.*	.54
	4. Würde man alles glauben, was heute über die Ernährung geredet wird, dürfte man gar nicht mehr essen oder trinken.*	.59
	5. Es wird zu viel Wirbel um die Ernährung gemacht.*	.66
	6. Bei einer gesunden Ernährungsweise dauert es viel zu lange, bis – vielleicht – die erhoffte Wirkung einsetzt.*	.50
	7. Ernährungsempfehlungen sollte man mit Vorbehalt betrachten.*	.51
	8. Der Aufwand für eine wirklich gesunde Ernährung lohnt sich nicht, weil man nicht weiß, ob es einem wirklich etwas nützt.*	.61

12	**Praktizierung gesunder Ernährung**	ISK
	1. Bei der Ernährung vermeide ich alles, was der Gesundheit schadet.	.53
	2. Ich ernähre mich stets gesund und ausgewogen.	.61
	3. Ich lege großen Wert darauf, dass die Dinge, die ich esse, auch gesund sind.	.64
	4. Es ist mir gleichgültig, ob ein Snack, den ich zwischendurch verzehre, gesund ist oder nicht.*	.52
	5. Ich esse, was mir schmeckt und kümmere mich nicht besonders darum, ob es gesund ist.*	.67
	6. Ich esse, was mir schmeckt und kümmere mich nicht darum, was in den Lebensmitteln enthalten ist.*	.63
	7. Ich kann von mir behaupten, das ich mich gesund ernähre.	.59
	8. Ich esse kaum ungesunde Sachen.	.60

13	**Einstellung zum Essen** IEG	ISK
	1. Für mich ist das Essen nicht so wichtig; ich esse nur, weil Essen zum täglichen Leben gehört.*	.57
	2. Es geht nichts über gutes Essen; ich bin bereit, auch einiges dafür aufzuwenden.	.58
	3. Auf die Mahlzeiten freue ich mich immer schon eine ganze Weile vorher.	.57
	4. Ich nehme das Essen nicht besonders wichtig.*	.59
	5. Für mich ist Essen ein wesentlicher Teil der Lebensfreude.	.74
	6. Auf ein besonders schmackhaftes Essen kann ich mich richtig freuen.	.56
	7. Essen gehört zu den schönsten Seiten des Lebens.	.76
	8. Für ein gutes Essen lasse ich gern alles stehen und liegen.	.62
	9. Gutes Essen macht das Leben erst lebenswert.	.67
	10. Essen halte ich für eine ziemlich gleichgültige Angelegenheit.*	.59

14	**Essen und Gewicht als Problem** IEG	ISK
	1. Ich will mein Gewicht unverändert halten.*	.64
	2. Ich sollte mir mehr Mühe geben, um abzunehmen.	.74
	3. Ich habe mir vergeblich vorgenommen, nicht mehr so viel zu essen.	.72
	4. Wenn ich schlanker wäre, würde ich mehr Selbstvertrauen haben.	.64
	5. Ich habe wegen des Essens häufig Schuldgefühle.	.60
	6. Ich sollte mir mehr Mühe geben, mein Essverhalten zu kontrollieren.	.64
	7. Ich bin mir ständig bewusst, dass ich zu viel esse.	.70
	8. Ich habe mir schon öfters vorgenommen, weniger zu essen.	.71
	9. Ich habe Angst, das Essen nicht einschränken zu können.	.58
	10. Bis heute hatte ich eigentlich nie zu viel Gewicht.*	.55

15	Zügelung des Essens [IEG]	ISK
	1. Ich nehme absichtlich kleine Portionen, um mein Gewicht besser in den Griff zubekommen.	.49
	2. Ich kaufe nach Möglichkeit kalorienreduzierte Lebensmittel.	.57
	3. Ich zähle die Kalorien, um mein Gewicht unter Kontrolle zu halten.	.51
	4. Aus Schlankheitsgründen achte ich darauf, dass ich pro Tag eine bestimmte Kalorienzahl nicht überschreite.	.55
	5. Während ich viel esse, denke ich daran, dass ich davon zunehmen werde.	.59
	6. Wenn ich Diät halte und dabei etwas Unerlaubtes esse, halte ich mich eine Zeit lang zurück, um es wieder gutzumachen.	.51
	7. Während ich esse, denke ich immer an die Kalorien und daran, dass ich nicht dicker werden will.	.54
	8. Da ich weiß, welche Gewissensbisse ich nachher bekomme, lasse ich mich beim Essen selten gehen.	.48
	9. Bestimmte Nahrungsmittel meide ich, weil sie »dick« machen.	.57
	10. Ich esse, was mir schmeckt und kümmere micht nicht darum, wie viele Kalorien die Sachen enthalten.*	.49

16	Angst vor Gewichtszunahme [IEG]	ISK
	1. Ich fürchte mich davor, Übergewicht zu haben.	.53
	2. Wenn ich ein Pfund zunehme, habe ich Angst, dass es so weitergeht.	.64
	3. Ich habe fürchterliche Angst, an Gewicht zuzunehmen.	.69
	4. Nach dem Essen mache ich mir Sorgen, zu dick zu werden.	.61

17	Unzufriedenheit mit der Figur [IEG]	ISK
	1. Ich denke, meine Hüften sind zu breit.	.72
	2. Ich glaube, mein Bauch ist zu dick	.61
	3. Ich glaube, mein Po ist zu groß.	.70
	4. Wenn ich den Spiegel schaue, sehe ich, dass ich noch eine gute Figur habe.*	.63
	5. Ich gefalle mir so wie ich bin.*	.67
	6. Ich denke, meine Oberschenkel sind zu dick.	.64

18	Gesundheit als Folge eigenen Verhaltens	ISK
	1. Die Gesundheit des Einzelnen hängt im Wesentlichen von seinem eigenen Verhalten ab.	.52
	2. Mit der richtigen Einstellung lassen sich viele Krankheiten verhindern.	.41
	3. Gute Gesundheit ist davon abhängig, wie man mit seinem Körper umgeht.	.46
	4. Wenn man will und auf sich aufpasst, kann man viele Krankheiten vermeiden.	.52
	5. Wenn man auf sich achtet, bleibt man auch gesund.	.51
	6. Meine Gesundheit ist allein von meinem Verhalten abhängig.	.45

19	Gesundheit als Folge von Glück und Schicksal	ISK
	1. Gute Gesundheit ist zum Großteil Glücksache.	.47
	2. Man hat oft einfach keine Möglichkeiten, sich vor Krankheiten zu schützen.	.41
	3. Es ist eine Frage der Veranlagung, ob ein Mensch „kränklich“ oder „robust“ ist.	.37
	4. Man kann eigentlich nur wenig tun, um Krankheiten vorzubeugen.	.40
	5. Menschen, die nie krank werden, haben einfach Glück.	.45
	6. Meine Gesundheit ist hauptsächlich durch Zufälle bestimmt.	.43

20	Einstellung zu Gesundheit und Krankheit	ISK
	1. Viele Krankheiten werden – hinsichtlich ihrer möglichen „Gefährlichkeit“ – übertrieben dargestellt.	.36
	2. Das Leben ist zu kurz und zu schön, um die Zeit mit Gedanken zu verbringen, was „gesund“ ist und was nicht.	.38
	3. Viele dieser „psychischen“ Krankheiten sind in Wirklichkeit ein Form von Schwäche oder die Unfähigkeit, der Realität ins Auge zu sehen.	.36
	4. Bei vielen, die ständig krank sind, hat man das Gefühl, dass sie gar nicht dauerhaft gesund sein wollen.	.40
	5. Manchen Leuten scheint etwas zu fehlen, wenn sie nicht krank sind.	.31
	6. Die meisten Dinge, die mir Freude machen, sind auf irgend eine Art und Weise ungesund.	.34

Machen Sie bitte bei jederAussage durch Ankreuzen der entsprechenden Zahl kenntlich, wieweit das Gesagte für Sie zutrifft oder nicht zutrifft.

	-2	-1	+1	+2
	trifft nicht zu	trifft überwiegend nicht zu	trifft überwiegend zu	trifft zu

Ich sollte mir mehr Mühe geben, um abzunehmen.	-2 -1 +1 +2	1
Bei der Ernährung vermeide ich alles, was der Gesundheit schadet.	-2 -1 +1 +2	2
Ich will mein Gewicht unverändert halten.	-2 -1 +1 +2	3
Beim Essen und Trinken bin ich sehr anspruchsvoll.	-2 -1 +1 +2	4
Ich habe mir vergeblich vorgenommen, nicht mehr so viel zu essen.	-2 -1 +1 +2	5
Ich denke, meine Hüften sind zu breit.	-2 -1 +1 +2	6
Ich ernähre mich stets gesund und ausgewogen.	-2 -1 +1 +2	7
Die Ernährungsforschung hilft uns, länger zu leben.	-2 -1 +1 +2	8
Für mich ist das Essen nicht so wichtig; ich esse nur, weil Essen zum täglichen Leben gehört.	-2 -1 +1 +2	9
Ich fürchte mich davor, Übergewicht zu haben.	-2 -1 +1 +2	10
Für das Kochen nehme ich mir viel Zeit.	-2 -1 +1 +2	11
Ich glaube, mein Bauch ist zu dick	-2 -1 +1 +2	12
Es geht nichts über gutes Essen; ich bin bereit, auch einiges dafür aufzuwenden.	-2 -1 +1 +2	13
Wenn ich schlanker wäre, würde ich mehr Selbstvertrauen haben.	-2 -1 +1 +2	14
Ich überlege mir gern neue Gerichte.	-2 -1 +1 +2	15
Wenn ich ein Pfund zunehme, habe ich Angst, dass es so weitergeht.	-2 -1 +1 +2	16
Nur wenn man sich gesund ernährt, ist man fit und voll leistungsfähig.	-2 -1 +1 +2	17

Numerische Kodierung der Antworten 0 1 2 3

13 Lebenslauf

Persönliche Daten

Geburtsdatum / -ort	11.01.1988 in Nürnberg
Staatsangehörigkeit	deutsch
Familienstand	ledig

Berufspraktische Erfahrung

09.2007 - 08.2008 Arbeiterwohlfahrt (AWO), Schwabach

Freiwilliges Soziales Jahr in einer Tagespflege für ältere Menschen

» Beschäftigung und Aktivierung der Gäste
» Transport der Tagesgäste
» Versorgung

12.2013-07.2016 act³ GmbH, Herzogenaurach

Freier Mitarbeiter

» Organisation von Events für die Marke Adidas
» Verkauf von Produkten der Marke Adidas

Praktika

06.2012 - 09.2012 Awo Tagespflege Schwabach

Praktikant

» Betreuung und Beschäftigung von Gästen der Tagespflege
» Fahrdienst

11.2014 - 12.2014 Marienhospital Pflegezentrum Erlangen

Praktikant

» Grundpflege der Bewohner
» Betreuung und Beschäftigung von Menschen mit Demenz

07.2015 - 08.2015 Gedächtnissprechstunde Klinikum Nord Nürnberg

Praktikant

» Anamnese und Testung von Patienten
» Erstellen von Befunden

Schulische und Akademische Ausbildung

Seit 09.2013	Friedrich-Alexander Universität, Erlangen-Nürnberg **Studiengang: Gerontologie** Abschluss: Master of Science Thema der Masterarbeit: Ernährung im Alter
08.2010 - 09.2013	Friedrich-Alexander Universität, Erlangen-Nürnberg **Studiengang: Pädagogik/Soziologie** Abschluss: Bachelor of Arts
09.2000 – 07.2007	Bertolt-Brecht-Schule Nürnberg Abschluss: Allgemeine Hochschulreife

Weiterbildungen

2006	Fachübungsleiter im Bereich Jugendfußball (3 wöchiger Kurs)
2015	Otago-Übungsleiter (Kraft- und Balance-Übungen für ältere Menschen)

Weitere Fähigkeiten und Kenntnisse

Deutsch	Muttersprache
Englisch	Sehr gut in Wort und Schrift
EDV – Kenntnisse	Word, Excel, Powerpoint, Citavi, SPSS (Statistik Software)
Führerschein	Klasse B
Ehrenamt	Fußballtrainer in Fußballsommercamps

FSC
www.fsc.org
MIX
Papier | Fördert gute Waldnutzung
FSC® C083411

Kolibri 360 GmbH
Ferdinand-Jühlke-Straße 7
99095 Erfurt, Deutschland
produktsicherheit@kolibri360.de

Druck:
CPI Druckdienstleistungen GmbH
im Auftrag der
Kolibri 360 GmbH
Ferdinand-Jühlke-Str. 7
99095 Erfurt